Molecular Biology

만화로 쉽게 배우는 분자생물학

저자 / 다케무라 마사하루(武村 政春)

BM (주)도서출판 성안당

日本 옴사 · 성안당 공동 출간

Original Japanese edition
Manga de Wakaru Bunshi Seibutsugaku
By Masaharu Takemura and Becom Co., Ltd.

Published by Ohmsha, Ltd.
This Korean Language edition co-published by Ohmsha, Ltd. and
Sung An Dang, Inc.

책머리에

분자생물학은 생물의 움직임을 육안으로는 볼 수 없는 작은 세계를 이해하는 학문입니다. 유전자는 그 중에서도 중요한 역할을 하고 있으며, 육안으로는 물론 현미경을 사용해도 보기가 무척 어렵습니다.

분자생물학을 연구하는 사람들은 대학이나 연구소 또는 기업 등의 실험실에서 매일매일 많은 실험을 하고, 실험으로부터 얻어진 데이터를 토대로 하여 생물의 구성 성분인 DNA, 단백질, 그리고 RNA의 활동을 추측하고, 그것으로부터 이끌어낼 수 있는 모델을 사용하여 이해하려고 합니다.

실험 데이터를 바탕으로 학설을 만들어 나가는 것은 그다지 어렵지 않으나(사실은 어렵긴 하지만), 더욱 어려운 것은 이러한 분자생물학의 세계를 전문가가 아닌 사람들에게 알기 쉽게 전하는 것이며, 분자생물학의 본연의 모습이 제대로 전해질 수 있느냐 하는 것입니다.

앞에서도 이야기한 것과 같이, 육안으로 직접 볼 수가 없기 때문에 아무래도 이 분야의 지식은「실험 데이터로부터 확실할 것 같다고 생각되는 지식」이 많습니다. 어쩌면 이 세계의 사건을, 오해를 불러일으키지 않도록 정확하게 전한다는 것은 생각할수록 불가능에 가까울지도 모릅니다.「전달하는 쪽」인 저로서도 모르는 것이 아직 많이 있기 때문입니다.

이 책은 김연희와 이지혜라는 대학생 두 명이 주인공입니다. 이 두 사람이「분자생물학」 보강을 위해 이현명 교수 소유의 외딴 섬에 있는 연구소로 불려가, 분자생물학의「가상 체험」을 통해 꽃미남 조교인 한미남으로부터 다양한 것을 배워 나갑니다. 이 가상체험은 연구자가 연구 과정에서 만들어 내는 작업가설의 모델이며, 연구 성과를 발표할 때 사용하는 모델이라고 할 수 있습니다. 눈에 보이지 않는 세계라고 해도 손놓고 있으면 아무것도 이루어지지 않으므로, 연희와 지혜는 이런 모델을 참고로 하여 분자생물학에 대한 지식과 그 학문의 전모를 이해하는 여행에 나서게 됩니다.

이처럼 분자생물학의 전체 모습을 파악하기 위한 것이 목적이기 때문에, 이 책에서도 「정확하게는 이런 식으로 묘사하는 것이 올바르게 전달될지 모르지만, 알기 쉽게 하기 위하여 무리하게 묘사한」 부분이 많이 있습니다. 그리고 DNA 복제, 유전자 전사, 단백질 합성 등은 이 책에서 묘사한 것처럼 「단순한」 것은 아닙니다. 매우 복잡하며, 나아가 아직 모르는 것이 많다는 생각으로 분자생물학의 세계를 체험해 나간다면 이 책을 출간한 목적의 절반 이상은 달성한 것이 아닐까 생각합니다.

분자생물학은 매우 깊이 있고 폭넓은 학문입니다. 의학, 농학, 공학 등 응용 분야는 물론 물리학, 화학, 지구과학, 생물학 등의 기초 분야에도 어디에나 관련되어 있으며, 우리 생활과도 밀접하게 관련될 분야입니다. 그리고 20세기 말부터 지금까지 폭발적으로 증대된 연구 성과에 따라 그 폭도 놀라울 정도로 넓어져, 한 사람의 연구자가 모든 영역의 지식을 다루기도 어려워지고 있습니다.

사실, 이 책에서 다룬 것은 분자생물학의 기초 부분에 불과합니다. 분자생물학의 참모습을 알고자 하는 사람은 반드시 이 책으로 기초를 다져서 다시 여러 가지 방면으로 흥미를 살려 나가기 바랍니다.

마지막으로 옴사 개발국 직원 여러분, 멋진 시나리오를 써 준 마에다 마사요시 씨, 까다로운 분자의 세계를 보기 좋은 만화로 표현해 준 사쿠라 씨, 그리고 누구보다도 이 책을 선택해 주신 독자 여러분에게 이 자리를 빌려 뜨거운 감사를 드립니다. 그리고 한국어판을 발간하느라 고생하신 한국 도서출판 성안당의 모든 분들께 감사하다는 말씀을 전합니다.

2008년 1월

다케무라 마사하루(武村 政春)

차 례

❖ 프롤로그

김명수
예
김연희
이지혜
……
……
조용……

이런,
이 두 사람……
출석부
강의분자생물학
강사모로

내 생각엔
잘 다듬으면 빛이 날
학생들이지만
강의에 출석하지
않는 것은 말이
되지 않아.
유전자의
싹싹
싹싹

시간도
없고 하니—
내가 특별히
손을 써 볼까?
자
오늘 강의에서는
유전자의 치환에
대하여—
빙글

…………
들어갈 수밖에
없어……
그……래!
저벅…
이현명 분자생물학 연구실

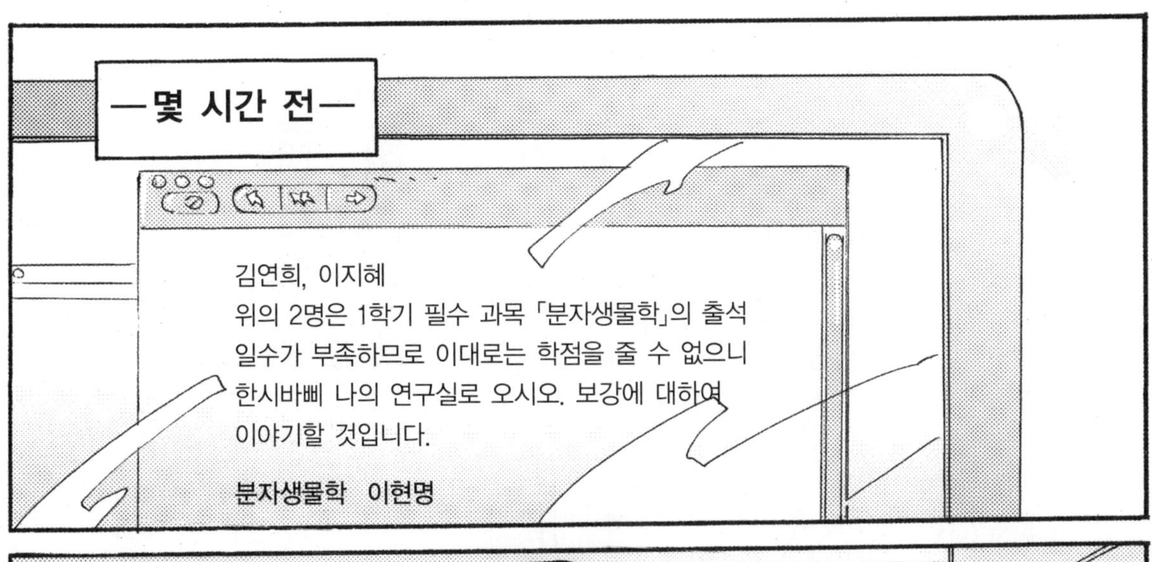

—몇 시간 전—
김연희, 이지혜
위의 2명은 1학기 필수 과목 「분자생물학」의 출석
일수가 부족하므로 이대로는 학점을 줄 수 없으니
한시바삐 나의 연구실로 오시오. 보강에 대하여
이야기할 것입니다.
분자생물학 이현명

어쩌지?
글쎄 말이야.
그렇다면~….
똑똑…

덜컥
안녕!
잠깐
멋있어
그러니까……
김연희 씨와
이지혜 씨로군요.
박사님의 조교인 한미남
이에요. 안으로 들어와요.
방긋
박사?
이현명 선생님
말일 거야.
두근
두근
잘 왔어.
쿵
흠칫
아얏
꺄!?

연희 학생과
지혜 학생이지?
팟!!
이 목소리는?
그그
아……네!!
이지혜입니다!!
엇!!
그러니까……김연희입니다!!
강의에 거의 출석하지 않은
이유는 굳이 묻지 않겠어.
이유…심야 프로를 지나치게 보는 바람에 늦잠
우…
이유…아르바이트를
너무 많이 해서
내 연구소가 있는
섬으로 오기 바란다.
거기서 강의를
할 테니까.
섬……섬이라
구요……?
어……
연구소!?
팟
걱정하지 않아도 돼.
참고로 이런 섬이거든.

쏴아……

조용……

……

……

쏴아……

전혀
다르잖아!!
속았어!!

그렇지만
섬이란 것만으로도
재미있잖아.

진정해

이봐~

이현명 생물학연구소
선생님 저희 왔어요!!
툴툴
위―잉
안녕, 어서 와요.
큰 연구소네요.
저벅
저벅
이현명 박사님은 분자생물학의 제인자로 여러 가지 특허를 가지고 계세요. 거기서 생긴 수입으로 이 연구소를 차렸지요.
특허?
이 전부를 자기 돈으로?!
털컥
여기야 여기
두 사람 모두 잘 왔어.
이현명 선생님!

지금은 너무 바쁘구나.
그래서 보강은 한미남 조교에게
맡기기로 했어.
다행이야♪

그러나 분자생물학을 배우는
것의 의미 정도는 내가
설명하기로 하지.
두 사람은
이 「물」이 무엇으로
이루어져 있는지 아는가?

글쎄……비?
아냐…… 그것은
그럴싸한 대답이지만
그런 의미가 아니지.

ㅁ과 ㅜ와 ㄹ이군요!!
저요~
수수께끼가 아냐!!
진지하게 대답해!!

박사님,
두 사람은 진지하게
대답하고 있어요.
이런…… 앞날이
염려스럽구먼…….
우울~
하하하……

「물」은……
수소와 산소가 결합한
물 분자가 모여
만들어진
것이에요.
우리 주위에 있는
물질의 대다수는 이런
분자로 이루어져 있지요.
우리가 물을 마시는 것도
인간의 몸이 분자로 이루어져
있고 그들이 물을 필요로 하기
때문이에요.
그럼 눈에 보이지
않을 정도로 작은 세계를
말하는 것인가요?
잘 모르겠는데……
그래도 괜찮아요.
네?
지금은, 생물의 몸은 눈에 보이지
않을 정도로 자그마한 분자가 많이
모여 이루어진다라는 것만
중요하게 생각해 주세요.
음, 그렇지.
여기서 내가 말하고
싶은 것은 단 하나!!
두 사람이
지금부터 배우려는
「분자생물학」은—
세포 속에서 어떤 분자가
어떤 일을 하고 그 결과
어떤 일이 일어나는지를
밝히려는 학문인 거야!!
쾅!!
왠지 알 것 같아!!
왠지 알 것 같아!!
오~

하지만……
분자의 움직임 같은 것이
그렇게 중요한 것일까……
연희!! 그런
솔직한 말을!!
이런
그래, 당연한 의문이지.
음음
이것은 중요한 것이
아니지만 의학이 진보한
결과 질병 가운데는—
세포 안에 있는
분자의 모양과 작용이
비정상적이 되어 일어나는
것이 있음이 알려졌어.
어머나!? 그럼
분자에 대해 더욱
연구하면……
지금은 치료하지
못하는 질병도 언젠가는
치료할 수 있게 될지도
모른다는 거로군요.
오……
훌쩍 훌쩍
어흠
저런!

여기서 분자생물학의
중요한 키워드를
말해 두기로 하지.

그것은 다음의
다섯 가지야.
잘 기억해 둬.
① 세포
② 단백질
③ DNA
④ RNA
⑤ 유전자

이 보강에서는 「단백질」이란
어떤 분자이며 어떻게 만들어
지느냐가 커다란 테마가 돼!
자식이 부모를 닮는 것은
「유전자」에 달려 있지. 유전자라는
것은 실은 단백질 등의 「설계도」를 말하는 거야!
바꾸어 말하면 유전자라는 설계도를 바탕으로
활동의 중심이 되는 것이 「단백질」이라고!

그럼 유전자도 또한 분자일까?
DNA와 RNA란 무엇일까? 이 보강은
얼핏 보기에 난해한 것처럼 보이는
분자생물학의 세계를 이들 물질의
내력을 중심으로 쉽게 설명해
나갈 거야!
① 세포
② 단백질
③ DNA
④ RNA
⑤ 유전자

미남 군, 뒤를 부탁해!!
팟……

이현명 선생님께서
사라지셨어!!
정말
바쁘신가 봐.

DNA라든가 RNA라는
것이 역시 어려울 것
같아……
아니, 아직은 뜻을
몰라도 상관없어요.
우선은 앞으로 저 키워드가
나오면 좀 진지하게 귀를
기울이도록 해요.
네!!

그럼 공부방으로
이동하기로 해요.
이 방이에요.
끼익…
……뭐야 이건!?
굉장해!!
……!!

이것은 박사님께서 개발하신
버추얼 마이크로머신이라는
기기예요!!
텅―!!
이것은 분자생물학 분야에 있는
「미시 세계」를 마치 눈앞에 있는
것처럼 체험할 수 있는 환상적인
기기예요!!
오늘부터
여러분은 이것을
사용해 공부해
주세요!!
꽝―!!
네~
두근두근
쌔악……

제 1 장

세포란 무엇인가?

1 세포는 살아있는 자그마한 자루

❖ 모든 생물은 세포로부터

그럼, 드디어 이제
버추얼 마이크로머신을
사용해 볼까요.

퍽!!

꺄!

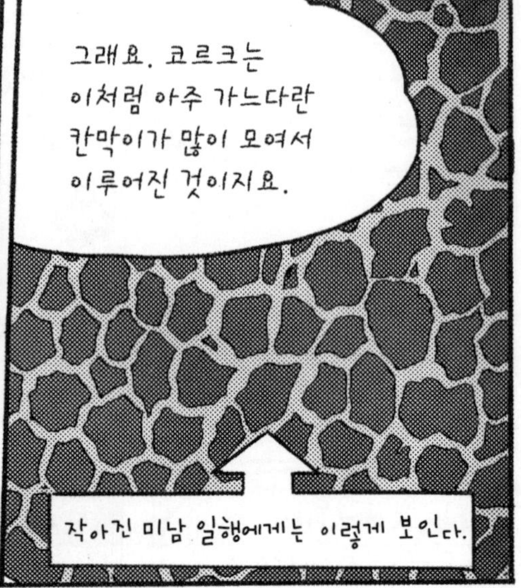

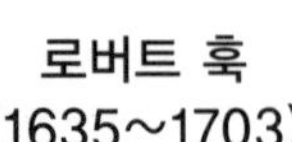
로버트 훅
(1635~1703)

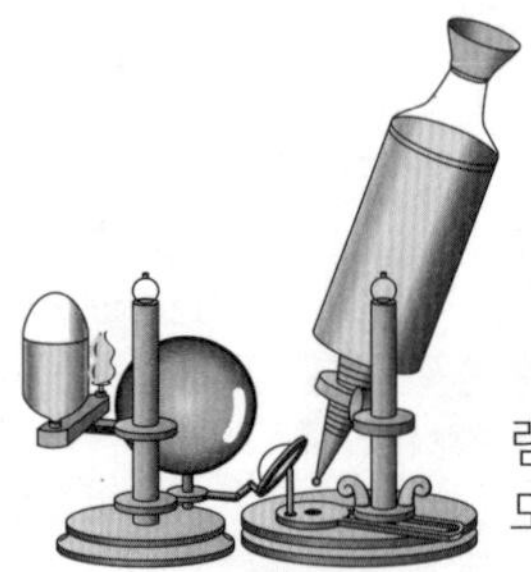
램프와 렌즈로 빛을 모은 훅의 현미경

또 그래!! 연희는 단세포가 아냐!!

물론 연희 씨는 단세포가 아니지요.

?

하나의 세포로 이루어진 생물을 「단세포생물」이라고 해요.

단세포……생물?

그래요. 예를 들어

아메바가 그렇지요.

펄쩍

이 단세포가!!

그래 봤자 너도 단세포생물이야!!

인간은 아메바와 달리 많은 세포가 모여 이루어진 「다세포생물」이에요.

척

척

❖ 세포는 살아 있다.

세포 이야기를
계속하지요.
훅의 발견 뒤 여러 학자의 연구에 의해
이 칸막이, ……즉 「세포」가 모든
생물에게 있음이 알려졌어요.

조금 전에 모든 생물은
세포로 이루어져 있다고
하셨죠.

맞아요!!
잘 기억하고 있네요.

그렇다면 우리의
몸이 「집」이라면
세포는 「벽돌」
같은 것인가요?
그렇게 말할 수
있을지도
모르겠네요.

기다렸다, 미남 군!!

그건 올바로 가르쳐 주는 것이 아냐!!

꽝!!

우와!?

앗, 박사님의 가상 영상!?

천장에서!?

벽돌과 세포 사이에는 결정적으로 다른 점이 있지 않느냐!!

아……그렇군요.

두 사람 모두 가슴에 손을 대 봐.

어때? 「두근두근」 하지 않아?

두근…

두근…

인간의 몸에서 세포를 끄집어내어 실험실에서 배양하면 잠시 동안은 분명히 살아 있겠지.
단 1개의 세포가 살아 있다느니 하는 것은 감이 잡히지 않아……
아메바나 세균 같은 단세포생물이 단 1개의 세포만으로 살아 있잖아?
분명히 그렇군…… 그래……
……그 가운데는 곧 죽어 버리는 것도 있겠지……
바쁜 분이셔.
……그럼 나는 이쯤에서 그만
퍽
「곧 죽어 버린다」는 선생님의 목소리— 왠지 슬픈 것 같았어……
그런데 「살아 있다」는 것은 무슨 뜻일까……

❖ 세포는 여러 가지 분자로부터 생겨 난다.

세포는 실로 다양한 분자로부터 생겨납니다.

커다란 분자에서부터 작은 분자에 이르기까지 별과 같이 수없이 존재하는 다양한 분자가 서로 부딪치고 서로 반응하여 세포라는 하나의 사회를 만들어 내고 있습니다.

커다란 분자 속에 들어있는 것은 핵산, 단백질, 지질, 다당류 등.

작은 분자 속에 들어있는 것은 물, 아미노산, 염기, 무기질 등.

이 책의 첫 부분에서 세포가 활동하는 중심이 되는 것은 **단백질**이라고 했던 것을 기억하고 있습니까?

커다란 단백질 분자는 20종류로 이루어져 있는 **아미노산**이라는 이름의 작은 분자가 몇 개씩 이어져 이루어지고 있습니다. 아미노산이 이어지는 방법의 차이에 따라 여러 가지 성질을 지닌 단백질이 생기는 것입니다. 이 여러 가지 종류의 단백질이 각각 여러 가지 일을 합니다. 그 덕분에 우리의 세포는 살아갈 수 있습니다.

그리고 **핵산**이라는 것은 나중에 나오지만 유전자의 본체가 되는 물질입니다.

지질은 이것 또한 나중에 나오지만 세포의 표면을 뒤덮고 있는 세포막의 중요한 성분입니다.

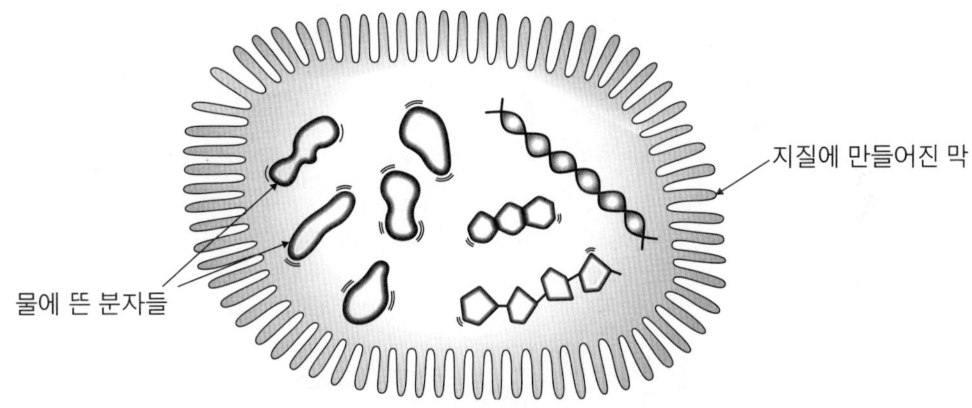

세포 속에는 많은 분자가 떠 있다

당질은 탄수화물이라고도 합니다. 「밥이나 스파게티 등은 탄수화물이다.」는 말을 들은 적이 있겠지요? 그처럼 당질이라는 것은 그런 음식물에 포함되어 있는 에너지의 원천이며 세포 안에도 많이 존재하고 있는 것입니다.

실제로, 세포는 아주 단순화하면 이런 많은 분자가 물 속에 떠 있는 상태로 있고, 그것을 지질로 만들어진 막이 감싸고 있는 것으로 생각할 수 있습니다.

❖ 눈에 보이는 커다란 세포

현미경으로밖에 보이지 않는 세계의 이야기만 하고 있네요. 일반 가정에는 현미경 같은 것이 있을 리 없고, 세포같이 눈에 보이지 않는 것은 전혀 알 수 없다고 생각하겠지요.

냉장고를 열어 보십시오. 대부분의 냉장고가 그렇겠지만, 문 쪽에 흰 타원형의 지름이 몇 센티미터 정도되는 「음식물」이 놓여 있겠지요? 그래요, 바로 달걀입니다. 여러분이 날마다 먹는 달걀. 실은 그것이 1개의 세포입니다!

왜 그처럼 거대해졌느냐고 하면 「노른자」라는 부분이 매우 많아졌기 때문입니다. 정말 큰 세포입니다. 이 정도라면 현미경을 사용하지 않더라도 보일 것입니다.

❖ 우리 몸속에서 가장 긴 세포

그럼 이번에는 우리 인간의 몸 속에 있는 세포에 관한 것인데, 멍하니 표면을 봐서는 아무래도 「아, 이것이 1개의 세포로구나!」 하고 생각되는 것은 없습니다. 그렇지만 몸 속에는 여러 가지 세포가 있습니다. 모양, 크기, 역할 등이 각각 서로 다른 여러 종류의 세포들이 빽빽하게 들어차 있는 것입니다.

세포는 통상 현미경이 없으면 보이지 않기 때문에 그 크기도 마이크로미터 단위일거라 생각되지만, 실은 우리 몸에는 거의 우리의 키에 필적하는 긴 세포가 있습니다. 그것은 「신경세포」라는 세포의 일종입니다. 그 이름처럼 몸의 신경을 이루는 세포입니다. 실은 이 신경세포는 매우 이상한 모양을 하고 있어 얼핏 보면 SF에 나오는 우주인 같은 모양을 하고 있습니다.

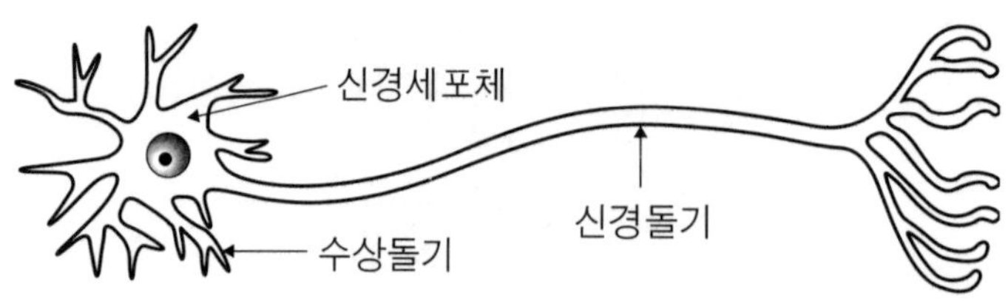

신경세포는 크게 「신경세포체」와 「신경돌기」로 이루어져 있습니다. 신경세포체로부터는 수상돌기라는 돌기가 몇 개 바깥쪽으로 튀어나와 있습니다. 신경돌기는 흥분을 전하는 길과 같은 부분이며, 우리 몸 속에는 1미터에 이를 정도로 긴 신경돌기를 지닌 신경세포도 있다고 합니다.

2 세포 속을 들여다보자

그럼 이제 세포가 어떤 모양을 하고 있는지 살펴보기로 합시다.
세포질
중심체
세포핵
핵소체
리소좀
활면 소포체
미토콘드리아
리보솜
조면 소포체
골지체
전형적인 세포가 저기에 있으니까 우선은 꼼꼼히 살펴보세요.
야…… 여러 가지가 들어 있네.
정말…… 공처럼 동그란 것도 있고 커튼처럼 펄럭거리는 것도 있고……
와—

그래요. 수천개의
꿈틀거리는 눈 같은
것도 있고—
깨소금 같은
알맹이들이 무수히
떠 있기도 하고……

어때요?
세포 속이
흥미로운가요?
기분이
나빠요
……
웩

허……이제부터
그 속에 들어갈텐데
곤란한 걸……
뭐라고요!?
그것을 만지다니!?
안 돼요,
안 돼!!
에이
에잇
피이이잇

괜찮아요. 훌륭한
탈 것이 있어 그것을
타고 들어갈
테니까요.
와들
와들
탈 것이라뇨?
그래요, 이름하야「세포막 통과용
왕복선」이라고 해요.
그런 것이
있다면……
저…정말?

❖ 세포막을 통과해보자.

……아니,
이것은……

부웅

왠지 흐물흐물하고
도톨도톨한 것이
세포처럼 기분 나빠……

부웅

그래요, 맞아요!
이 왕복선은
세포막으로 이루어져
있거든요!!

말도 안 돼!!

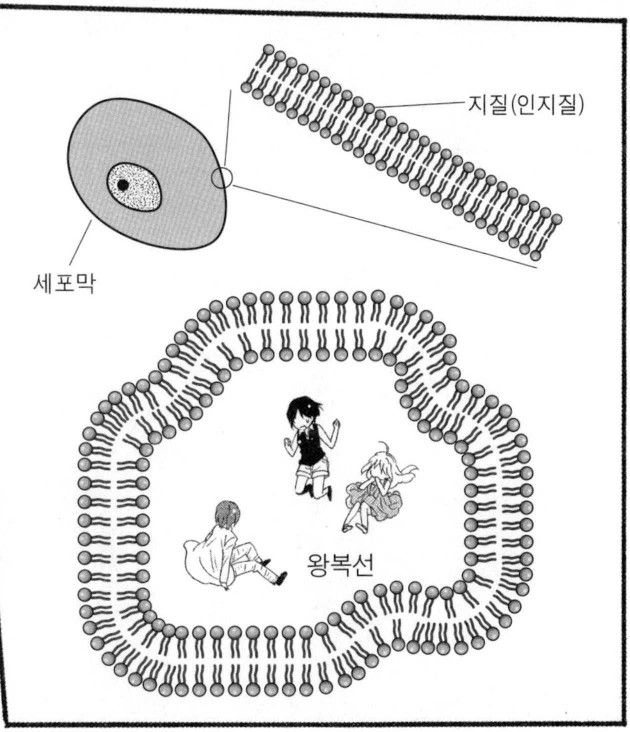

지질(인지질)

세포막

왕복선

애당초 가상
체험이니까 재빨리
세포 속으로 보내 주면
좋을 텐데!!
두둥실~
그래도 이것을 타면
여러 가지 좋은 점이 있어요.
자, 세포에 가까워졌군요.
인지질
소수성
친수성
세포막의 표면은 밋밋하게
되어 있지 않아요.
여러 가지 물체가 들어차 있어 면이
거친 것을 알 수 있지요.
기분
나빠
……
웩, 여기도 저기도
도톨도톨……
에잇
자, 드디어
돌입합니다!!
둥실
둥실

세포막은 지질로 된
이중의 막인데, 곳곳에
단백질이 떠 있어요.
이 단백질은
세포 밖의 정보를
안으로 전하거나──
세포
세포와 세포가 소통을 하는 데
중요한 작용을 하고 있어요.
세포
이봐!!
잘 지내?
그래!! 찌질이!!
세포
세포와 세포의
소통?
아하하하!!
세포막이
찌질이래!!
……………
세포가……
끌어들이지 마~

앗

슈우우우……

괜찮아요. 세포막과 융합하고 있는 거예요.

왕복선의 맨 앞
세포막
⇩
왕복선과 세포막이 융합
⇩
왕복선의 꼬리 부분
⇩
일체화!

미남씨!! 왕복선의 벽이!! 녹아요!!

드르륵……

세포막은 매우 유동적이며 지질이나 단백질이 항상 이리저리 움직이고 있어요. 두 개의 비눗방울이 달라붙어 하나가 되는 것처럼 이전에 왕복선이었던 부분도 세포막과 일체화되어 버렸다……고 할 수 있어요.

달라붙어

하나로!!

펑~

……알 것 같기도 하고 모를 것 같기도 해.

그럼 이제 왕복선이 없어졌으니 우리가 어떻게 세포 속에 들어가죠?

걱정 마세요!! 벌써 세포 속에 들어온걸요.

——!!

❖ 많은 세포 소기관이 여기저기에 있다.

여러 가지 물질을 헤치면서 세포 속을 헤엄쳐 가면 다소 커다란 물체가 여기저기에 떠 있습니다. 세포 속의 전체를 보면 정말 놀랄 정도로 많이 떠 있습니다. 나아가 때때로는 거대한 흰긴수염고래 같기도 하고 거대한 우주선 같기도 한 물체가 나타납니다.

앞에서도 이야기한 바와 같이 세포는 하나하나가 살아 있으므로 살아가기 위해 여러 가지 일을 하고 있습니다. 이 여러 가지 일을 하기 위해 각각 담당 「부서」가 필요하게 됩니다.

각각 별개의 역할을 하고 있는 이들 「부서」를 통틀어 **세포 소기관**이라고 합니다. 거대한 우주선 같다는 물체는 바로 이것이었습니다.

저기요, 미남씨. 아까부터 신경쓰였던 건데 저기 여러 겹으로 서 있는 벽 같은 것은 뭐예요?

가까이 다가가 살펴보기로 하지요. 벽은 세포막과 같은 얇은 막으로 이루어져 있지만, 아무래도 그것은 벽이라기보다는 가까이에서 보면 얇고 납작한 자루 같은 구조로 되어 있음을 알 수 있습니다.

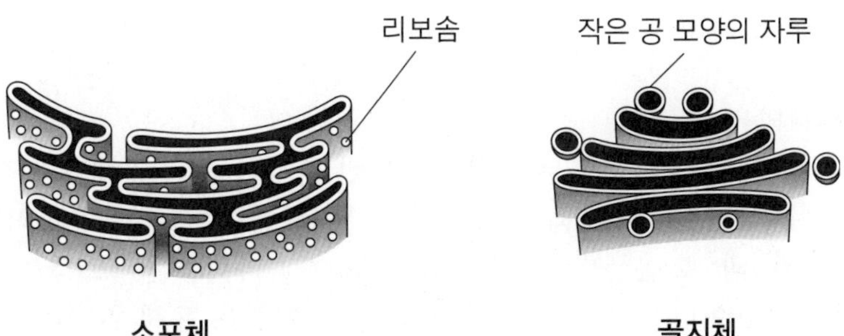

정말이네, 납작한 자루 같은 것이 겹쳐 있어!

이것은 **소포체**라는 이름의 세포 소기관이며, **리보솜**이라는 단백질 합성 기계를 그 표면에 붙이고 있습니다. 그리고 만들어진 단백질에 여러 가지 처리를 합니다.

실제로, 간의 세포나 림프구 등 많은 세포는 자신이 만든 단백질을 자신만 사용하는 것이 아니라 세포 밖으로 분비하는 경우가 많은데, 이때 **골지체**라는 세포 소기관이 마치 「배송 센터」 같은 작용을 합니다. 배송의 구조는 아까 타고 왔던 세포막 통과용 왕복선과 마찬가지 구조이며, 막끼리의 융합을 통해 속에 있는 것을 세포 밖이나 리소좀 등으로 「배송」하는 것입니다.

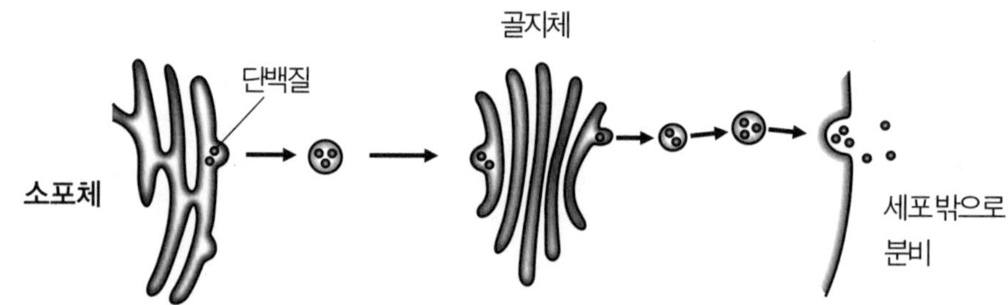

단백질을 세포 밖으로 분비하는 골지체

그래서 일부러 그런 기분 나쁜 왕복선을 탄 것인가요.

그렇습니다.
자, 저기 보이는 자루 속에서는 뭔가 커다란 분자가 차츰 분해되고 잘게 재단되고 있습니다. 저것이 **리소좀**이라는 세포 소기관이며, 물질을 분해하는 「세포의 소화 기관」과 같은 곳입니다. 그리고 또 하나, 공 모양인 **페록시좀**(peroxisome)이라는 자루가 도처에 있는데, 이것은 유해 물질을 산화시켜 무독화하는 등의 역할을 합니다.

미토콘드리아는 세포가 살아가는 데 필요한 에너지를 만들어 내는「에너지 생산 공장」으로 매우 중요합니다. 미토콘드리아가 없으면 세포는 살아갈 수 없습니다.

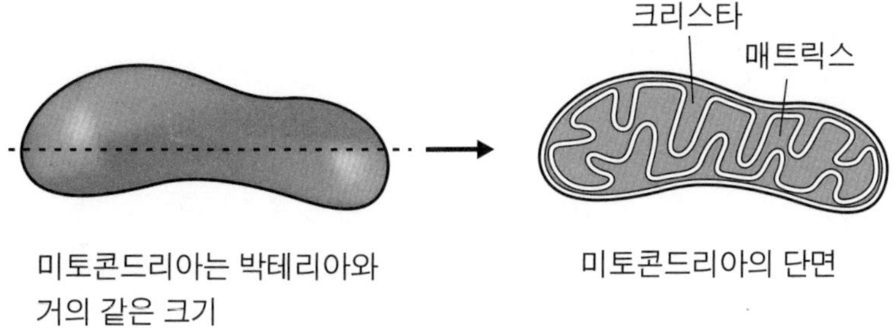

미토콘드리아

미토콘드리아는 우리가 호흡으로 빨아들이는 산소와, 당분(글루코오스)이 분해되어 생긴 피루브산(pyruvic acid)을 이용하여 거기서 에너지(ATP라는 화학물질)을 만들어 냅니다.

「골지체」나「미토콘드리아」는 지금까지 들어 보았지만,「리보솜」,「리소좀」,「페록시좀」등은 비슷한 이름이라 기억하기 힘들어…….

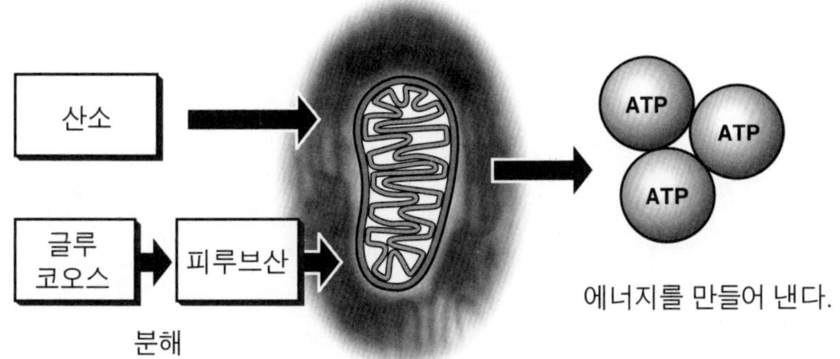

에너지 생산 공장

…….
미토콘드리아라니까 왠지 맛있는 보이는 이름이야!

뭐라고!? 마지막에 그런 엉뚱한 말을!?

3 세포의 사령탑 : 핵

❖ 유달리 큰 「세포 소기관」
이 공 모양의 물체가 「핵」이에요. 말하자면 「세포의 사령탑」인 셈이지요.
커다란 공!!
엄청 크다!!
야~
사령탑!? 왠지 굉장한 것 같네요.
그럼요, 매우 유능하지요. 「세포 소기관」이라 부르기에는 너무 큰 셈이예요.
아무튼 이 「핵」에는 「DNA」라는 매우 중요한 분자가 격납되어 있지요.

「DNA」라는 말은 자주 들어요!!
DNA란 커다란 분자인 「핵산」의 하나이며
이 DNA가 바로 「유전자」의 정체지요!!
「유전자」라면 언젠가 들어 본 적이 있어!!
그럼, 조금 더 핵에 가까이 다가가 보기로 해요.
핵의 표면은 「핵막」이라는 막으로 감싸여 있으며, 핵막은 세포막과 마찬가지로 지질로 이루어져 있어요.
핵막공
소포체
핵막
핵막공
핵막
소포체
모두 구멍투성이야. 울퉁불퉁……
마치 뚫려 있는 것처럼 보이는 그 많은 구멍을 「핵막공」이라고 해요.
엄밀히 말하면 핵막공 복합체라는 단백질 덩어리이며, 반쯤 막혀 있으므로 구멍이 그대로 뚫려 있는 것은 아니에요.

❖ 핵 속에는 무엇이 있을까?

그럼 미남씨, 핵 속에는
DNA밖에 없나요?
안 됐네요!
핵에는 DNA 이외에도
여러 가지 분자가 많이
들어 있거든요.
그러면 외울 것이
적어져서 좋을 텐데……

역시 그렇지……
핵 속에는 DNA와
그 DNA가 유전자로서 일을
하는 데 필요한 여러 가지
단백질이 있으며

또 DNA와 아주 비슷한 「RNA」라는
물질도 많이 있어요.
……

흐늘
디엔에이……
아르엔에이……
큰일 났어요!!
연희의 뇌가 용량
초과를 일으켜
버렸어요!!
흐늘
저런!!
연희 씨 정신 차려요!
곧 휴식 시간을 가질
테니까요.
헤롱
아……
헤롱

❖ 핵 속으로 들어가 보자.

다음은 핵 속에 들어가 핵이 일하는 모습을 살펴보기로 해요.
그렇지만 핵 속으로 어떻게 들어가요?
이 「핵으로 가는 표」가 필요해요.

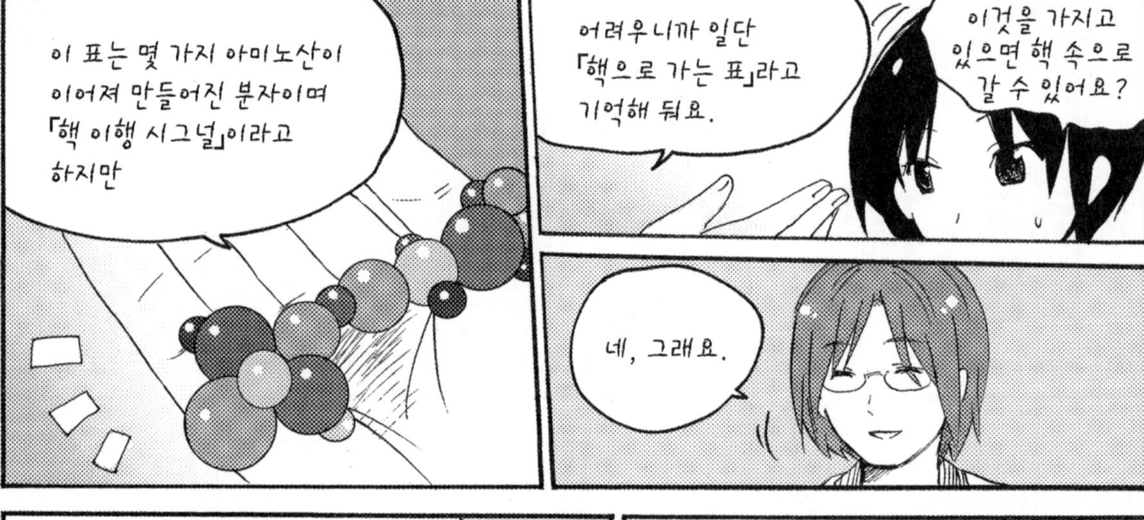
이 표는 몇 가지 아미노산이 이어져 만들어진 분자이며 「핵 이행 시그널」이라고 하지만
어려우니까 일단 「핵으로 가는 표」라고 기억해 둬요.
이것을 가지고 있으면 핵 속으로 갈 수 있어요?
네, 그래요.

단백질을 합성하는 「리보솜」은 세포질에 있는 것이지만, 리보솜에서 합성된 단백질 가운데
핵 속에서 일하는 것은 모두 이 「핵으로 가는 표」를 가지고 있어요.
단백질의 일부 그 자체가 표의 역할을 하고 있다고 생각하세요.
부우우우웅

저게 뭐야!!
부우우우우웅
핵 안으로 태우고 갈 단백질이에요! 두 사람 모두 단단히 표를 쥐고 있어요!!
꺄아아악
앗, 위험해!!
부우우우우웅~
IMPORTIN

뭐야
부웅
부웅
엇!?
이대로 가만히 있으면 핵 속으로 끌려가게 되니까
!!
잠시 휴식을 취하기로 해요……
부우우웅
그래요!?
쿨쿨
좋았어~
!!

❖ 핵 속의 모습

연희 씨! 지혜 씨!
일어나요.
이제 핵 속이에요.

!!

음……냐……

저게
뭐야!?

무엇인가 가늘고 긴 섬유 같은 물체가
종횡무진으로 뻗어 있는 것이 보여요?
아이구……
잔뜩 보이네요~

더 가까이 가서
살펴보기로 해요.

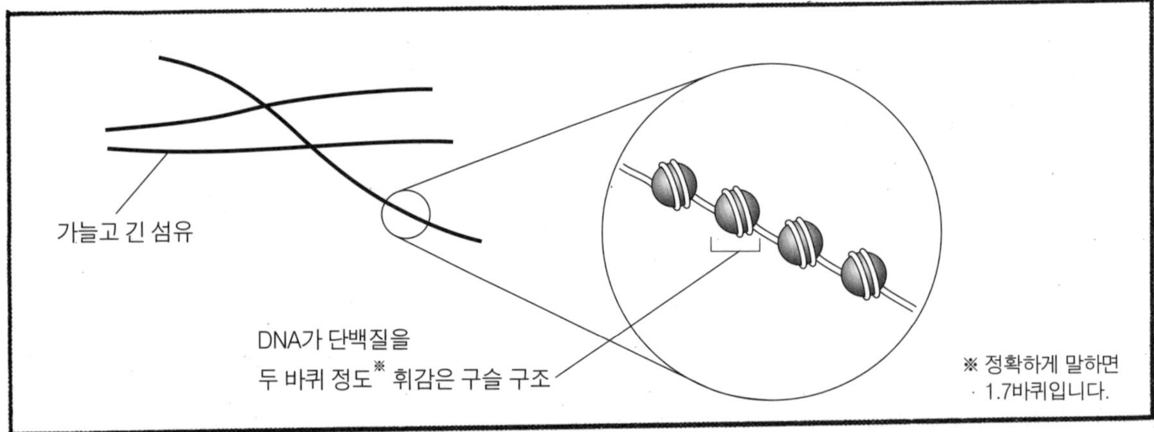
가늘고 긴 섬유
DNA가 단백질을
두 바퀴 정도※ 휘감은 구슬 구조
※ 정확하게 말하면
1.7바퀴입니다.

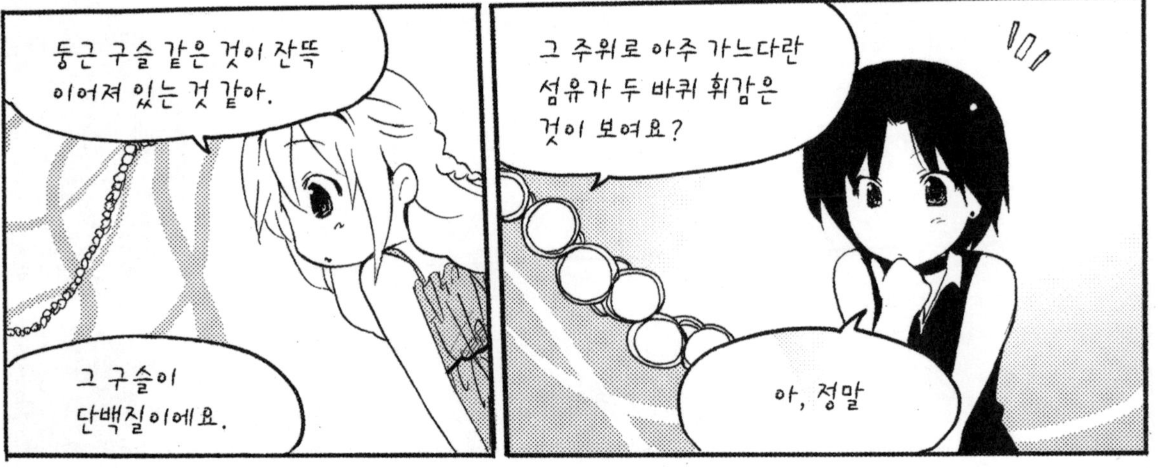
둥근 구슬 같은 것이 잔뜩
이어져 있는 것 같아.
그 구슬이
단백질이에요.
그 주위로 아주 가느다란
섬유가 두 바퀴 휘감은
것이 보여요?
아, 정말

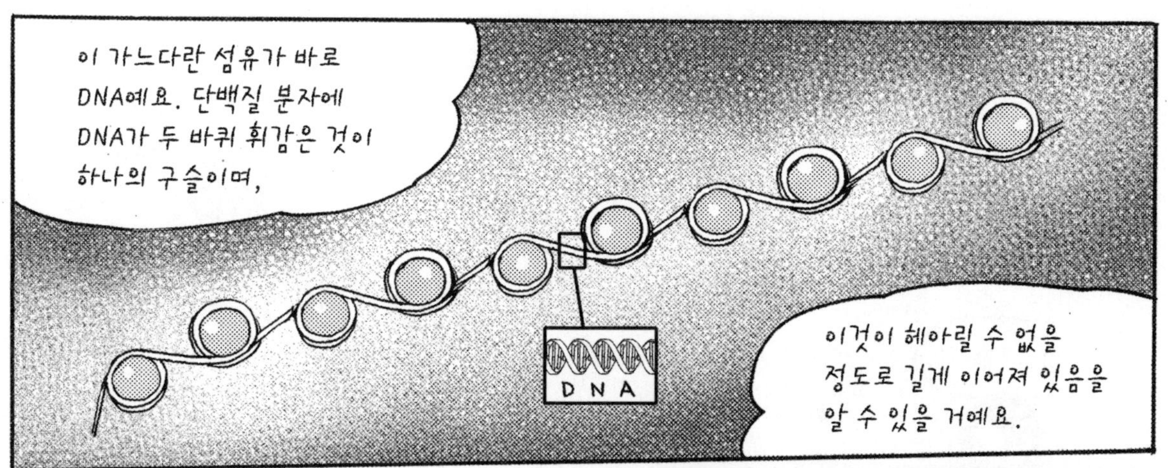
이 가느다란 섬유가 바로
DNA예요. 단백질 분자에
DNA가 두 바퀴 휘감은 것이
하나의 구슬이며,
DNA
이것이 헤아릴 수 없을
정도로 길게 이어져 있음을
알 수 있을 거예요.

이 DNA와 하나가 되어 구슬을 이루고
있는 단백질을 「히스톤」이라고 하며,
각각의 사슬을 「뉴클레오솜」이라고
하는데, 나중에 자세히 설명할게요.
(p.126 참조)

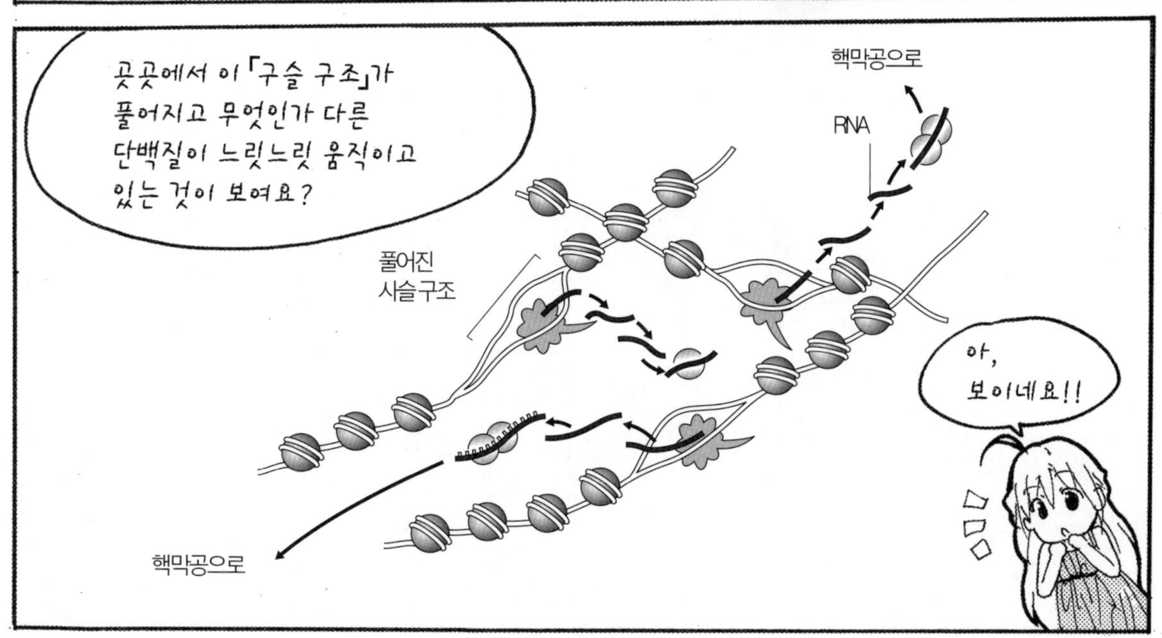
곳곳에서 이 「구슬 구조」가
풀어지고 무엇인가 다른
단백질이 느릿느릿 움직이고
있는 것이 보여요?
핵막공으로
RNA
풀어진
사슬구조
아,
보이네요!!
핵막공으로

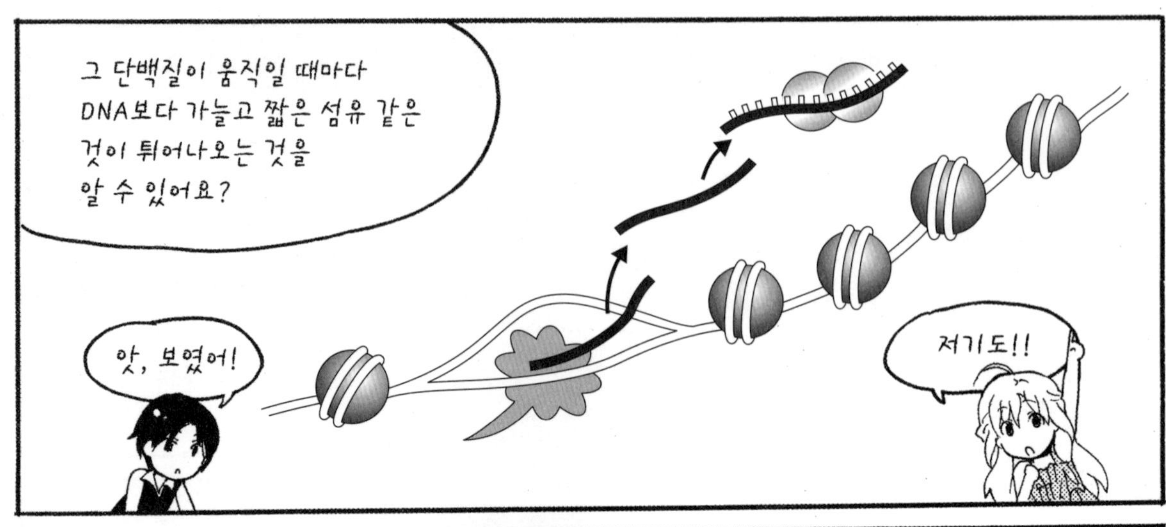
그 단백질이 움직일 때마다 DNA보다 가늘고 짧은 섬유 같은 것이 튀어나오는 것을 알 수 있어요?
앗, 보였어!
저기도!!

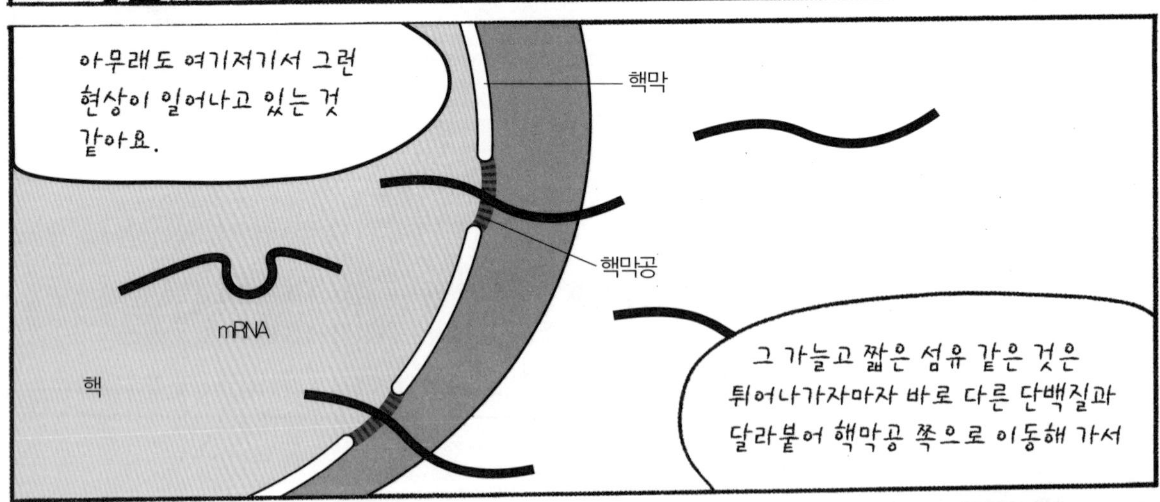
아무래도 여기저기서 그런 현상이 일어나고 있는 것 같아요.
핵막
핵막공
mRNA
핵
그 가늘고 짧은 섬유 같은 것은 튀어나가자마자 바로 다른 단백질과 달라붙어 핵막공 쪽으로 이동해 가서

세포질로 튀어나가는 거예요.
음—
윙
윙
왠지 공장에서 만든 것이 밖으로 운반돼 나가는 것 같아……
그래요. 이 가느다란 섬유가 RNA라는 물질이에요.
아까 유전자란 것은 「단백질의 설계도」라고 했던 것을 기억하고 있어요?
어렴풋이……

유전자의 정체는
「DNA」라고도 했어요.
어떤 식으로 적혀 있는지는 나중에 갈수록 자세히 설명하게 되니까 지금은 「적혀 있다」는 것만 기억해 두세요.
실은 이 유전자 — 즉 단백질의 설계도는 DNA 위에 적혀 있지요.
DNA는 근본이 되는 설계도의 데이터뱅크이며, RNA는 DNA의 필요한 부분을 전사해 실제로 단백질을 만드는 「명령서」라고 할 수 있을 거예요.
명령서?
이봐, 케이크를 만들 때 무엇을 어떻게 하라는 만드는 법에 대한 명령이 없으면 만들 수 없잖아?
응 —
세포는 DNA 위에 적힌 유전자를 RNA라는 분자에 전사하여 세포질까지 이르고 —
명령서
단백질을 만드는 법
명령서대로 단백질이 만들어진다.
단백질의 합성
DNA
DNA는 근본이 되는 설계도의 데이터뱅크
DNA
RNA
전사
RNA는 DNA 가운데 필요한 부분(유전자)을 전사해 단백질을 만들기 위한 명령서!
거기에 있는 단백질 합성 장치 「리보솜」에서 단백질을 만들게 하고 있는 거예요.

이 과정을 「유전자가 발현한다」 또는 「유전자 발현」이라고 해요.
어때요? 핵을 세포의 「사령탑」이라고 하는 이유를 좀 알겠어요?
글쎄……중요한 위치라는 것은 알겠군요.
그것으로 충분해요.
꽝——!!
선생님!
기다렸어, 미남 군!!
앗, 죄송합니다. 또 무엇인가 틀린 것이 있나요!?
아냐, 상당히 훌륭한 해설이었어.
약간만 보충할게.
흔들

핵에서는 유전자 발현을
제어함으로써 세포 활동의 주역인
단백질 가운데 「무엇을 만들고 무엇은
만들지 않을지」를 관리하고 있어.
얏!
핵
단백질
착!
그래서 바로 핵을 사령탑이라고
부르기에 적합하다는 것을 말해
두고 싶네.
그렇군요—
그런데—
?
연희가 자고 있어…….
미남 군,
지금 이것을 다시 한번
설명해 주게.
앗, 언제부터!?
휴—

4 단세포생물과 다세포생물

이 장의 맨 앞에서 「단세포」라는 말을 사용했습니다. 원래 「단세포」라는 것은 생물 하나의 구조 · 형태를 가리킵니다.

단세포란 단일한 세포, 즉 단 하나의 세포로 이루어져 있는 것이며, 그런 생물을 단세포생물이라고 부릅니다.

단세포생물의 대부분은 우리의 눈에 띄지 않습니다. 그래서 아주 관계가 먼 생물처럼 생각할지도 모르지만, 실제로는 우리 주위에 상당히 많이 존재하고 있습니다. 눈에 띄지 않기 때문에 주위에 많더라도 알아차리지 못하는 것은 당연한 일입니다.

우리는 몸속에 많은 단세포생물을 "기르고" 있습니다. 알지 못하는 새에 기르고 있는 것입니다. 그 대표적인 것이 우리의 큰창자 속에 있는 「장내 세균」입니다. 장내 세균은 우리가 먹는 음식물이 소화된 것 가운데서 영양분을 가로채어 살아가고 있는 셈이지만, 그 반면에 그들이 있음으로써 병원균 등이 증식하지 못하게 됩니다. 우리의 몸은 장내 세균과 「상부상조」의 관계에 있다고 할 수 있습니다.

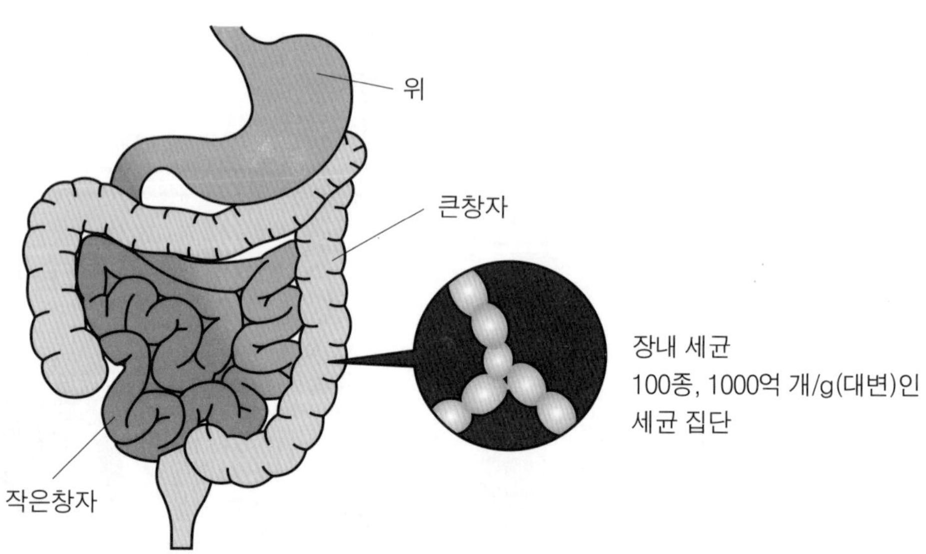

우리 가까이에 있는 단세포생물인 장내 세균

장내 세균은 「세균(박테리아)」이라는 큰 무리의 생물 가운데 일종입니다. 그 밖의 단세포 생물의 예로서는 짚신벌레나 종벌레 등 「원생생물」이라는 큰 무리가 있습니다.

그럼, 단세포생물이 단 하나의 세포로 이루어져 있다면, 「다세포생물」이란 것은……. 그렇습니다. 많은 세포로 이루어진 생물입니다.

우리 인간을 비롯해 육안으로 볼 수 있는 생물의 거의 모든 것, 벚꽃, 이끼, 지네, 개, 자그마한 벼룩, 커다란 코끼리 등 그들 모두가 다세포생물입니다.

많은 세포로 이루어져 있다고 하더라도 모두 같은 종류의 세포가 그대로 모여 있는 것은 아닙니다.

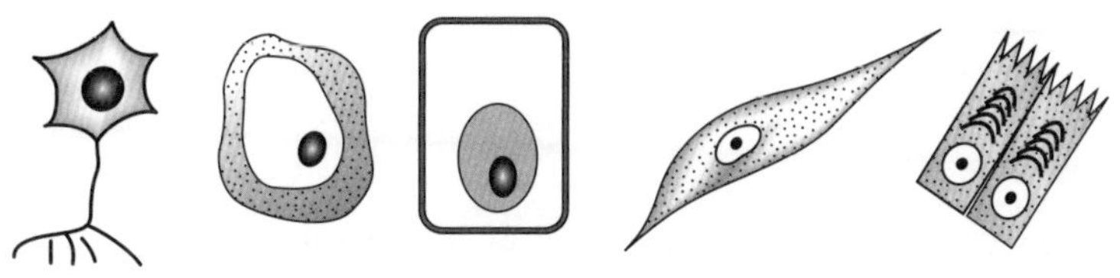

여러 종류의 세포들

우리의 신경을 만드는 세포, 위의 세포, 피부의 세포, 백혈구 등 모두 각각 다른 모양을 하고 있으며, 다른 작용을 하고 있습니다.

같은 모양과 역할을 하고 있는 세포가 모여 어떤 일정한 역할을 하게 된 것을 **조직**이라고 합니다. 우리 동물은 상피조직, 결합조직, 근조직, 신경조직 등 네 가지 조직으로 이루어져 있습니다.

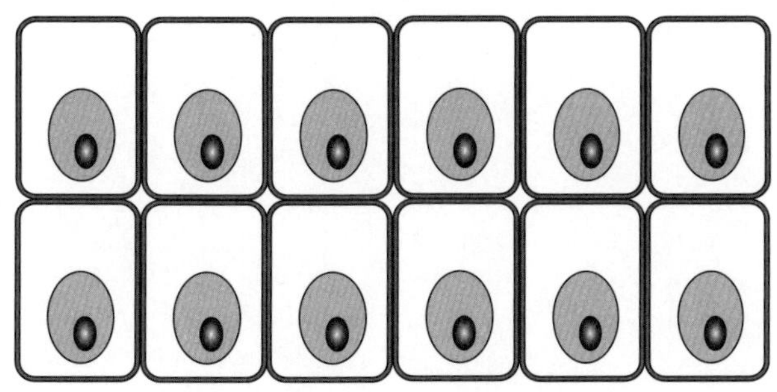

세포가 모여 조직을 만든다.

상피조직	피부와 소화관의 안쪽 등 주로 개체와 장기의 표면을 만들고 있는 조직입니다. 편평상피, 원주상피, 감각상피 등 여러 가지가 있습니다.
결합조직	조직이나 세포끼리 잡아매거나 서로 잇거나 하는 등 여러 가지 역할을 가지고 있는 조직입니다. 피부 바로 아래 있으며 콜라겐을 많이 함유하는 섬유성 결합조직 등이 유명한데, 골조직, 연골조직, 지방조직도 결합조직의 하나입니다.
근조직	이름대로 근육을 만들고 있는 조직입니다. 골격근이나 심근, 내장근이 있습니다.
신경조직	이름대로 신경을 만들고 있는 조직입니다.

나아가 이런 조직이 모여 하나의 목적을 지니게 된 것을 **기관**이라 합니다. 조직이 여러 가지로 조합되고 모여서 각각의 기관이 되는 셈입니다.

예컨대, 소화기관의 하나인 위도 이들 네 종류의 조직이 모여서 만들어져 있습니다.

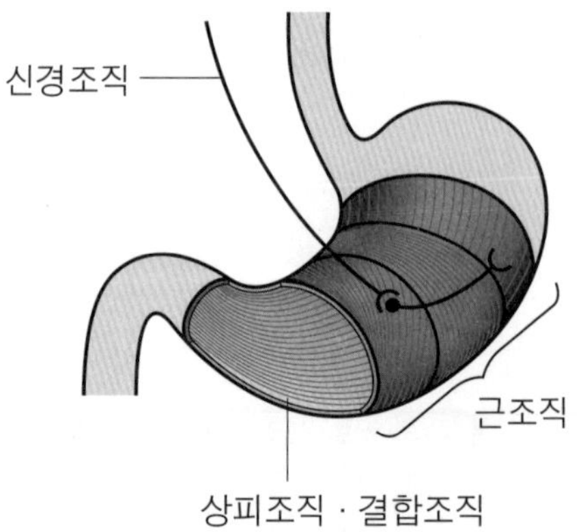

마찬가지로, 이 밖의 기관도 조직이 모여서 각각의 역할을 하고 있는 것입니다.

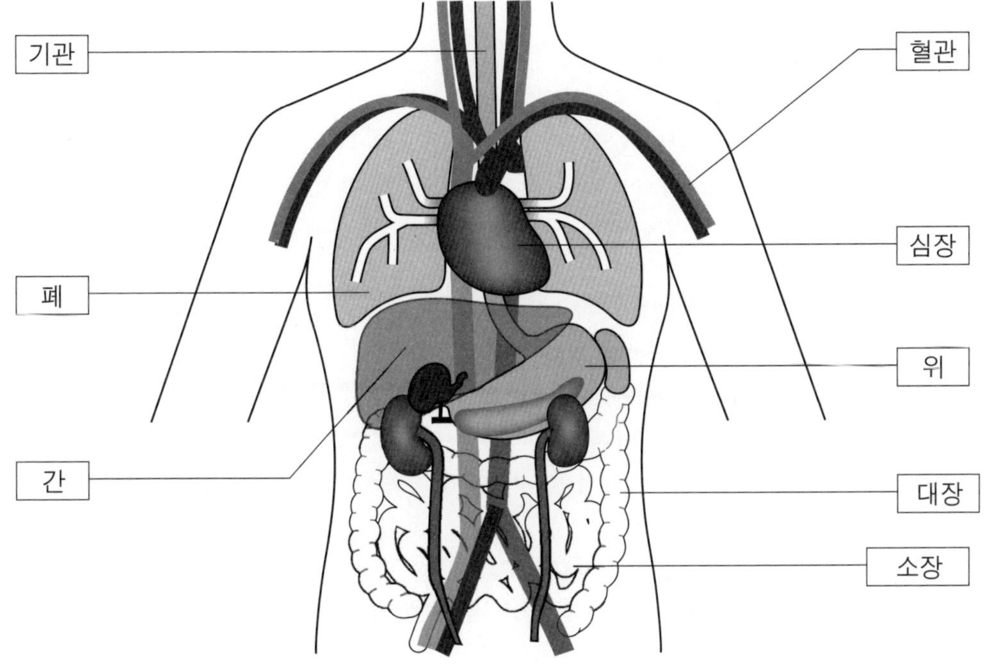

소화기관 : 위, 소장, 대장, 간 등
순환기관 : 심장, 혈관 등
호흡기관 : 폐, 기관 등

이처럼 생물은 분자가 모여 세포를 만들고, 여러 가지 역할로 분화한 세포에 의해 조직이 만들어지며, 나아가 기관을 만들어 복잡한 생명 활동을 하고 있습니다.

5 원핵생물과 진핵생물

앞에서 설명했듯이 생물의 세계를 크게 둘로 나누는 방법으로 「단세포생물」과 「다세포생물」로 나누는 방법이 있습니다. 이것은 말하자면 세포의 수로 나누는 방법입니다.

그렇지만 여기에서는 또 하나 생물의 세계를 크게 둘로 나누는 방법이 있습니다. 그것은 세포 속에 「핵」이 있느냐 없느냐로 나누는 방법입니다. 이 방법으로 나누면 생물은 크게 **원핵생물**과 **진핵생물**로 나눌 수 있습니다.

핵이 있느냐 없느냐?

핵을 「세포의 사령탑」이라고 했지요? 없으면 곤란하지 않을까요.

그렇게 생각될지도 모르지만 잠깐만 기다려 주십시오.

핵이 왜 「세포의 사령탑」인지를 생각해 보시기 바랍니다. 거기에 DNA가 격납되어 있고 그 DNA 위에 적혀 있는 유전자가 발현하는 것을 제어하고 있기 때문입니다.

그렇다면 핵이라는 형태가 없더라도 DNA가 있어 말끔하게 유전자가 발현하며 제대로 제어가 이루어지면 상관없지 않을까요?

여기서 말하는, 핵의 형태가 없이 DNA가 드러난 채 세포 속에 있는 듯한 세포를 가진 생물이 바로 원핵생물입니다. 지구상에서 원핵생물에 포함되는 것은 세균뿐입니다.

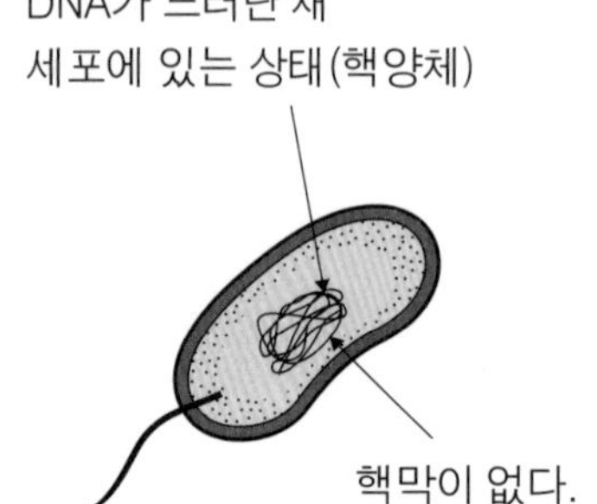

원핵생물

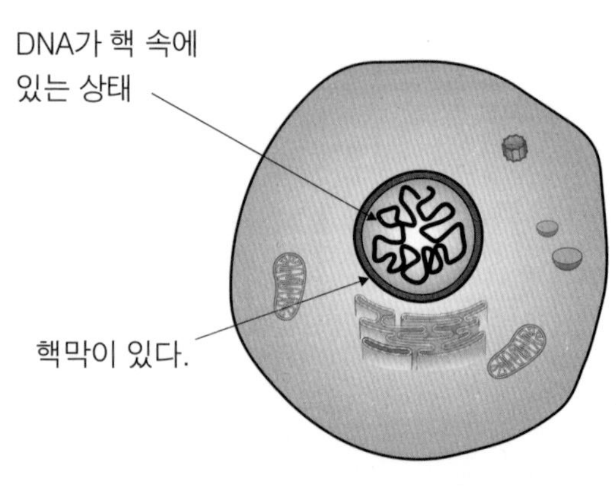

진핵생물

그리고 핵의 형태가 있고 그 속에 DNA가 격납되어 있는 듯한 세포를 가진 생물이 진핵생물입니다. 세균 이외의 모든 생물, 그리고 모든 다세포생물은 이 진핵생물에 해당됩니다. 단, 세포생물 가운데 짚신벌레 등의 원생생물도 진핵생물의 무리입니다.

핵이 있느냐 없느냐로 나눈다면 「무핵생물」과 「유핵생물」이라는 식으로 부르면 좋지 않을까 생각하지는 마십시오.

핵이 없다고 하더라도 실제로는 DNA가 있는 부분만 주위의 부분과 조금 다른 상태(핵양체)이므로 「핵 같은 구조」를 지니거나 「원시적인 핵」이 있다는 의미에서 「원핵」이라는 이름이 붙어 있는 것입니다.

그에 대해 핵이 있는 생물은 「진정한 핵이 있다」는 의미에서 「진핵」이라는 이름이 붙여진 것입니다.

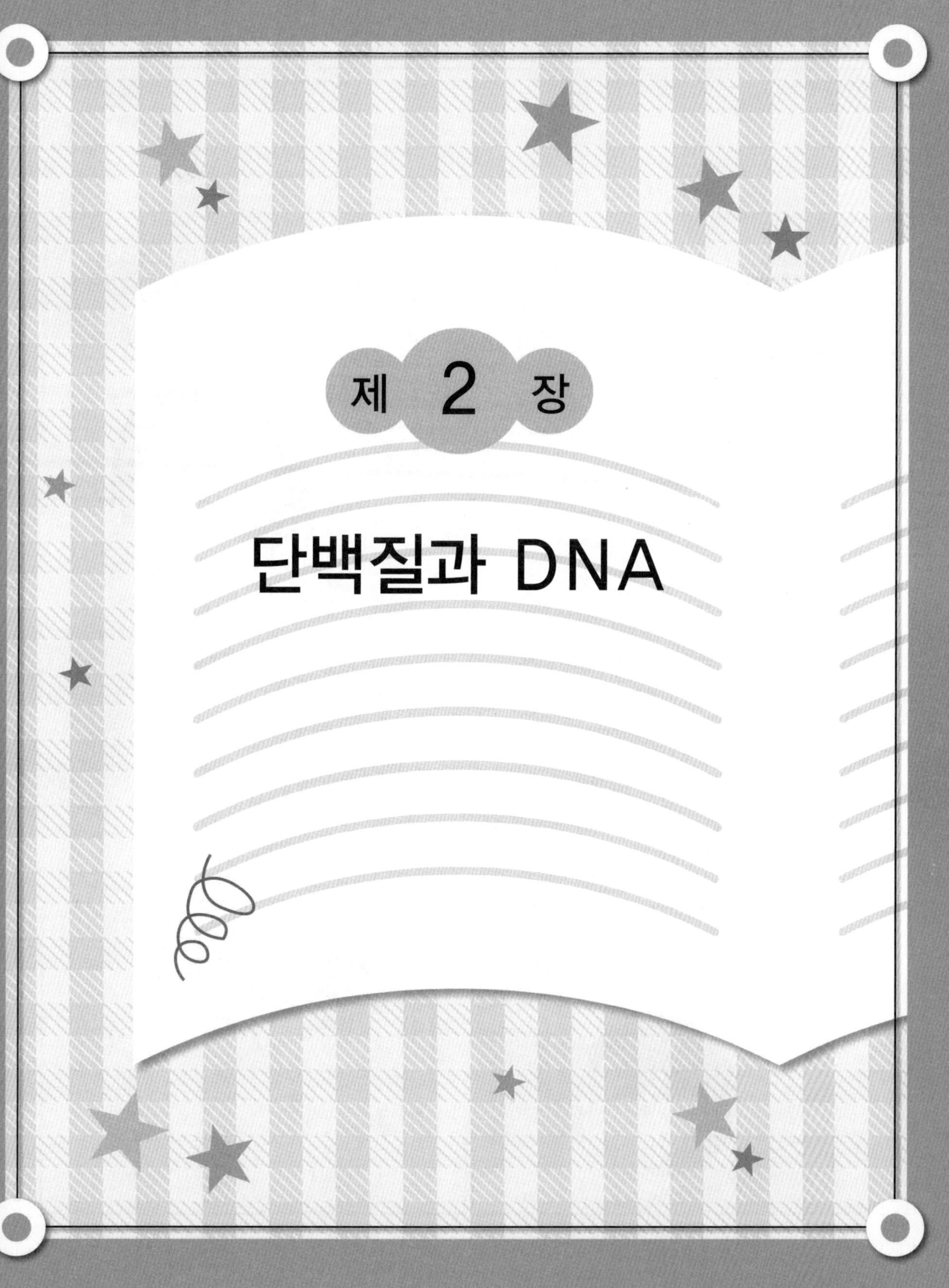

제 2 장

단백질과 DNA

쿠르……
쿠르……
쿠르……
쿠르……
찌르릉
으—음
엉금……
여보세요.
엉금……
엉금……
아, 미남 씨.
안녕하세요.

아침 식사가
준비되었어요.
연희 씨에게도
일어나도록—
바밥!? 밥!?
벌떡!!
아, 일어났네요.
연희 씨, 지혜 씨,
잘 잤어요?
안녕하세요.
좋아요. 여행의 피로는
없는 것 같군요.
그래요.

잘 먹겠습……
잠깐 기다려요!

'다섯 가지 키워드'만 복습해 봐요. 기억이 나요?
후후……

세포, 단백질, DNA, RNA, 유전자!
꽝~

맞아요!! 확실하게 복습해 왔군요.
야, 지혜, 정말 훌륭…… 아니?
(1) 세포
(2) 단백질
(3) DNA
(4) RNA
(5) 유전자
후후……
……
어제는 「세포」에 대해 공부했으니 오늘은 「단백질」과 「DNA」에 대해 공부하겠어요.

제1장에서도 나왔지만
단백질이 어떤
물질인지 알겠어요?
네 —고기와 생선에
들어 있는 영양소를
말하는 것이 아닐까요?

그래요. 하지만 영양소라는
측면뿐만이 아니에요.
!?

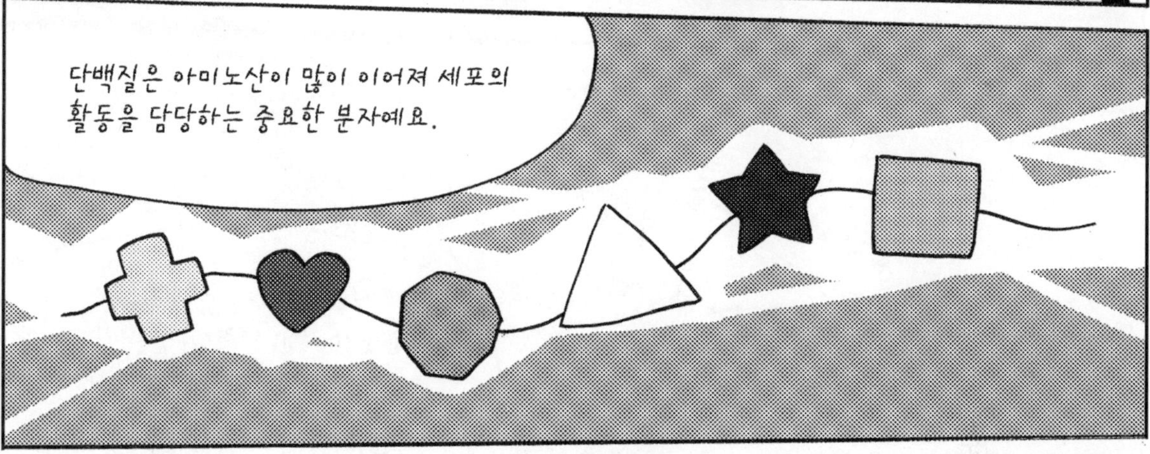
단백질은 아미노산이 많이 이어져 세포의
활동을 담당하는 중요한 분자예요.

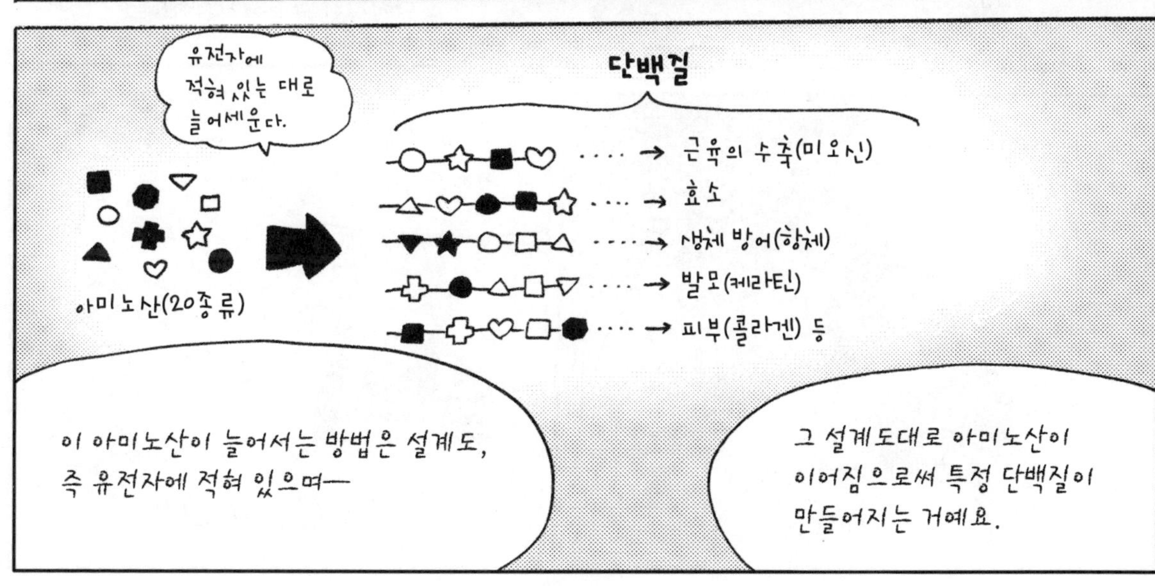
유전자에
적혀 있는 대로
늘어세운다.
단백질
아미노산(20종류)
····→ 근육의 수축(미오신)
····→ 효소
····→ 생체 방어(항체)
····→ 발모(케라틴)
····→ 피부(콜라겐) 등
이 아미노산이 늘어서는 방법은 설계도,
즉 유전자에 적혀 있으며—
그 설계도대로 아미노산이
이어짐으로써 특정 단백질이
만들어지는 거예요.

음……
……???
자, 이렇게 하면
어떨까요?

오늘 공부할 것의 전체
내용을 정리하면
이렇게 돼요.
쓱 쓱

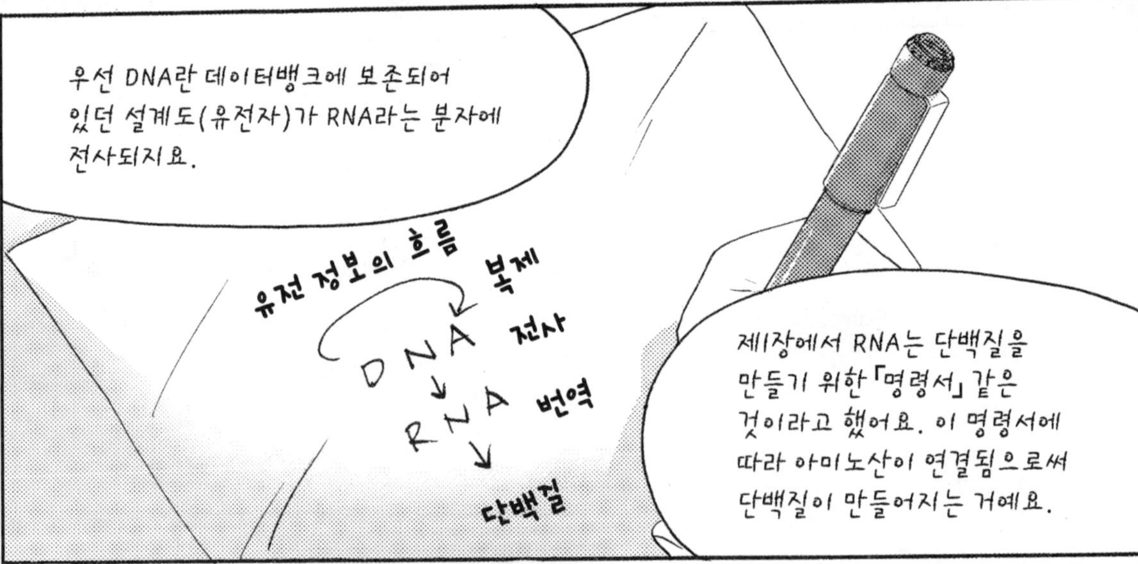
우선 DNA란 데이터뱅크에 보존되어
있던 설계도(유전자)가 RNA라는 분자에
전사되지요.
유전 정보의 흐름
복제
DNA
전사
RNA
번역
단백질
제1장에서 RNA는 단백질을
만들기 위한 「명령서」 같은
것이라고 했어요. 이 명령서에
따라 아미노산이 연결됨으로써
단백질이 만들어지는 거예요.

오!? 의외로
간단해!! 그렇지,
연희야?
잠잠~
……밥……
아, 미안해요.
먹어도 좋아요!
후다닥
퍽
퍽
잘 먹겠어요!!

1 세포의 활동은 단백질이 유지하고 있다

❖ 세포의 활동이란?

오늘의 수업을 시작할까요.

저……

뭔가요, 지혜씨?

어제 세포 속에 들어와 여러 가지를 배웠는데…… 세포란 어느 세포라도 같은 것인가요?

아녜요, 세포에 따라 각각 서로 다른 작용이 있어요.

예컨대, 간을 이루고 있는 「간세포」는 흡수된 영양분을 여러 가지 모양으로 바꾸어 저장하거나 몸 속으로 보내거나 알코올을 해독하기도 해요.

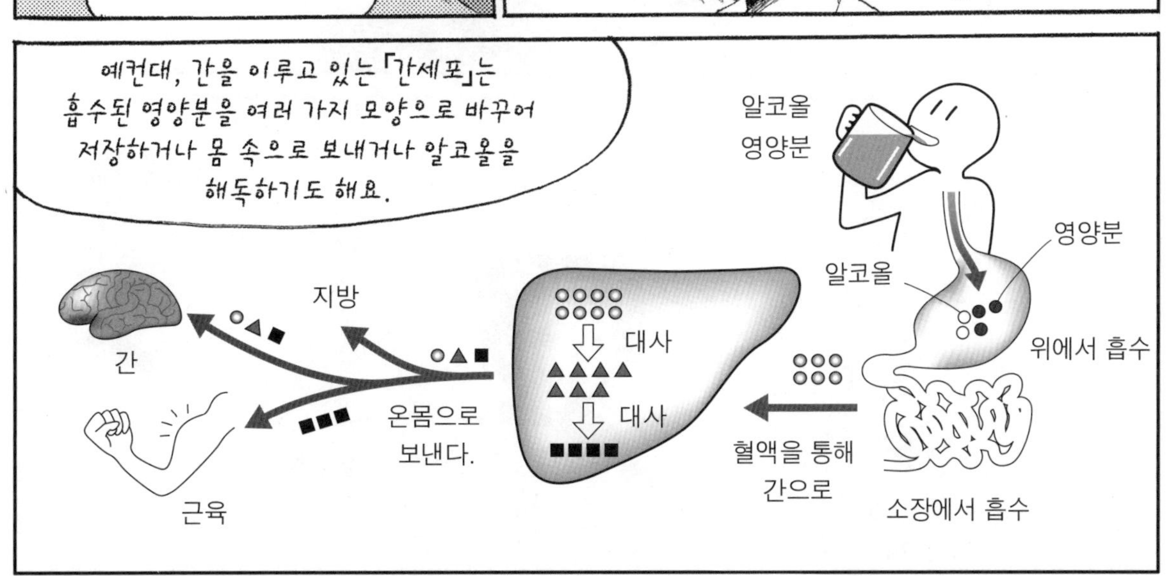

「알통」을 이루는 근육세포의 경우는 오므려들거나 원래 상태로 돌아가거나 하는 것을 되풀이함으로써 몸의 움직임을 제어하고 있지요.
세포에 따라 역할이 전혀 달라……

그래요. 그리고 세포의 이런 작용은 오늘 우리가 배울 단백질에 의해 유지되고 있어요.

단백질은 우리 생물의 몸 속이나 세포 속에서 매우 중요한 작용을 해 주는 분자이기도 해요.
단백질이 일을 해 주지 않으면 우리의 세포는 살아갈 수 없어요.

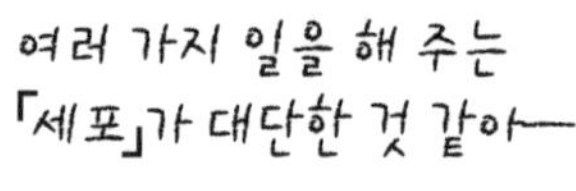
여러 가지 일을 해 주는 「세포」가 대단한 것 같아—

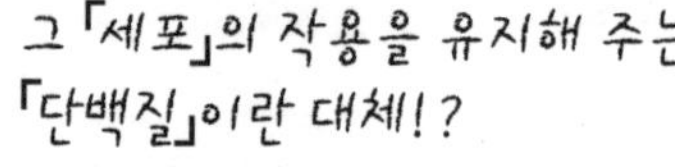
그 「세포」의 작용을 유지해 주는 「단백질」이란 대체!?

흥미가 샘솟는 것 같군요. 그럼 지금부터 꼼꼼하게 살펴보기로 해요.

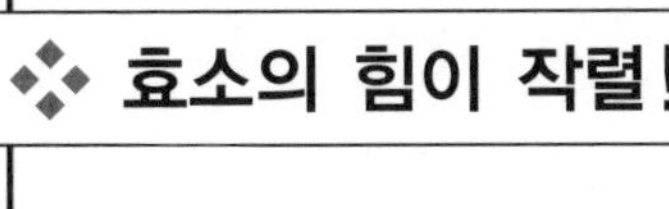

효소의 힘이 작렬!

먼저 밥을 아주 좋아하는 연희 씨에게 아주 친근한 단백질의 작용을 살펴볼까요.

밥

전분이 소화되어 엿당이 된다.

엿당

엿당은 소장에서 분해되고 글루코오스가 되어 흡수된다.

소장

글리코겐

간

글리코겐으로 일부 저장

저장되지 않은 글루코오스는 필요한 양을 온몸의 세포로

혈당치의 저하에 따라 저장된 글리코겐을 글루코오스로 바꾸어 온몸으로 보낸다.

온몸의 세포

뇌세포

남은 것은 체지방으로 저장

에너지로 소비

지방

소비

생물은 사물을 생각하거나 몸을 움직이거나 하기 위한 에너지를 주로 **글루코오스**(포도당)라는 당질을 분해해 만들어요.

밥, 빵, 스파게티 등에 들어 있는 전분은 소화, 흡수되어 필요한 글루코오스가 온몸으로 공급되지요.

여기서 간은 일부의 글루코오스를 필요할 때를 대비해 저장해 두는 역할도 하고 있어요.

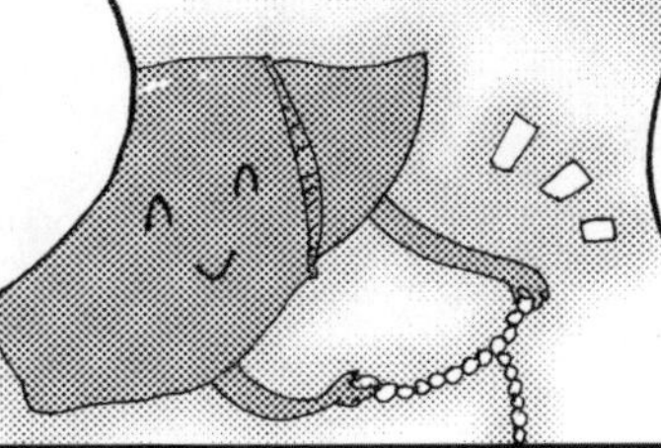

그리고 그 저장 물질인 「글리코겐」을 만드는 것도 실은 「단백질」이에요.

공복이 되어 혈액 속의 글루코오스 농도,
즉 혈당치가 낮아질 때 글리코겐을
글루코오스로 바꾸어 방출하는 것도
단백질의 일이지요.

헤—

글루……글리코겐……
글리……글루코오스……

빙글

빙글

미남 씨!!
연희가 한계예요!!

헤롱

헤롱

앗!?

강의는 이쯤 하고
버추얼 마이크로머신으로
단백질이 작용하는 모습을
보러 가요!

글루코오스를
뇌로 보내기 전이야!!

붕~

꺅

*동물의 경우에는 거의 모든 세포에서 글리코겐이 비축되고 있지만, 특히 많은 것이 간과 근육입니다.

앗!? 여기는 어디야!?

여기는 간 속이에요.

앗 누가 있네!?

일꾼

저는 이런 사람입니다.

쓱……

간 담당
보통 단백질

으하하하!! 으익
꺄!!
저건 뭐야!?
술
꽈광
나는 술에서 나온 「알코올 괴물」이다!! 이놈의 간을 너덜너덜하게 해 버리겠다!! 으익!!
얏!!
퍽
퍽
으하하하!!
알코올 괴물의 손발톱에는 강한 독성이 있기 때문에 이대로 둔다면 이 사람의 간은 아주 위험해져요.
큰일이네요!! 어떻게 해야 할 텐데!!
제게 맡기세요.
여대생에게도 쩔쩔매는 아저씨가 뭘 할 수 있겠어!!
괘……괜찮다니까요!!
쓱……
나는……

효소맨은 불과 1밀리초 만에 안경을 벗을 수 있다!! 그 과정에 대한 해설은 지면 사정에 의해 생략한다!!

뭐야. 이런 무의미한 내레이션……

과연 그럴까?
흥……
흠칫
앗!?
손발톱이!?
이 코……
이 코……
해설해 보자. 간에는 원래 해독 작용이 있다. 효소맨의 킥이 바로 그 해독 작용의 하나이다!
몸이……
아세트알데하이드로 바뀌어 버리는구나!!
비틀
비틀…
좋아, 최후의 일격이다!! 모두 나가자!!
우왓!
팟!!
아……대관절 뭐가 뭔지!!
머리가……
가라!!
탈수소효소 공격!!
앗!!
퓌유우웅……
퍼-억!!
으와앗!!

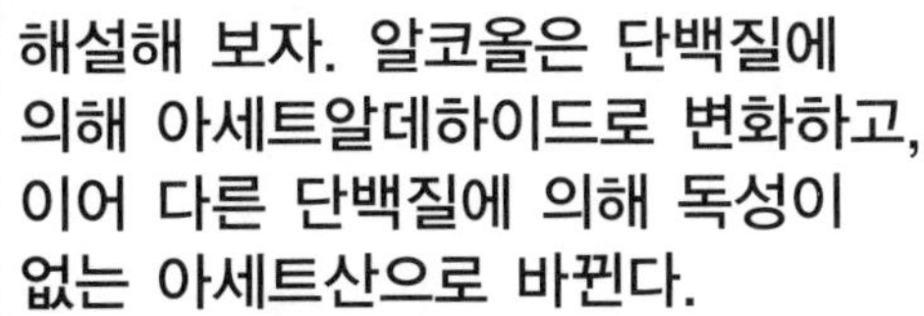

해설해 보자. 알코올은 단백질에 의해 아세트알데하이드로 변화하고, 이어 다른 단백질에 의해 독성이 없는 아세트산으로 바뀐다.

이들은 단백질이 효소로 작용함으로써 일어나는 화학 반응이다.

앗, 알코올 괴물이 언뜻 보기에도 무해한 작은 동물이 되었어!!

퓨우우우웅……

고마워, 효소맨!!

안녕

척!!

인사 따위는 필요 없어. 나는 간 본래의 힘을 끌어냈을 뿐이니까. 안녕!!

일단 간의 위기는 사라졌다. 그러나 우리의 몸에는 그 밖에도 여러 가지 유독 물질이 숨어 있다.

잘했다, 효소맨!! 효소맨이 하지 못하면 다른 누군가 해야 한다.

빠~빠방

BGM

아까 말했잖아!! 내레이션 하고 있는 녀석 이리 나와!!

붕
불렀어?
앗
털썩
이현명 선생님!!

그렇지만 덕택에 단백질이
효소로 작용하면 놀라운 힘을
발휘하는 것을 알 수 있었지?
확실히 알았어요.

이현명 선생님이셨군요!!
아무래도 가상 세계이다 보니
말을 함부로 했어요!!
츳
푸

흠. 나머지는
미남 군에게 보충해
달라고 해!!
팟
붕
으앗
꺄

❖ 효소로서 단백질의 작용 1

효소란 수많은 단백질 가운데 어느 화학 반응을 빠르게 진행시키는 작용을 하는 것을 말합니다. 물론 우리 몸에는 수만 가지나 되는 단백질이 있지만 그 모두가 효소인 것은 아닙니다. 나중에 설명하겠지만 콜라겐처럼 몸의 구조를 유지하는 단백질이나 면역 반응으로 세균 등에 대해 「무기」로 작용하는 항체 등은 효소가 아닙니다.

소화, 흡수, 분해, DNA 복제 등 세포 안팎의 여러 가지 현상에는 항상 둘 이상의 화학 반응이 관련되어 있습니다. 각각 담당하는 화학 반응이 다릅니다. 생물이 일으키는 대부분의 화학 반응에는 그것을 담당하는 독자의 효소가 각각 정해져 있습니다. 효소는 「**촉매**」 또는 「**생체 촉매**」라고도 합니다.

그래서 효소맨의 킥은 「촉매 킥」이었구나!

참고로 말하자면, 글루코오스를 저장하고 있던 단백질이나 알코올을 해독하고 있던 단백질은 모두 효소입니다. 글루코오스를 글리코겐으로 저장하는 것은 「글리코겐 신타아제」, 알코올을 분해해 아세트알데하이드로 만드는 것은 「알코올 탈수소효소」라는 이름의 효소입니다.

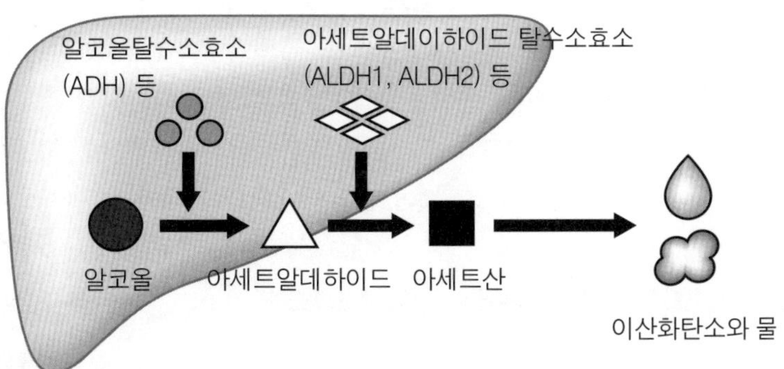

아까 알코올 괴물의 예를 복습하면 알코올은 간에서 분해되지만, 알코올을 아세트알데하이드로 분해하는 것과 아세트알데하이드를 다시 아세트산으로 분해하는 것은 다른 효소의 역할입니다.

자, 기억하고 있습니까? 알코올을 아세트알데하이드로 분해한 것은 「효소맨」 즉 알코올 탈수소효소였고, 아세트알데하이드를 아세트산으로 분해한 것은 「동료인 사이보그 개」, 즉 아세트알데하이드 탈수소효소였습니다. 각각의 반응은 그에 따른 효소가 맡고 있는 것입니다.

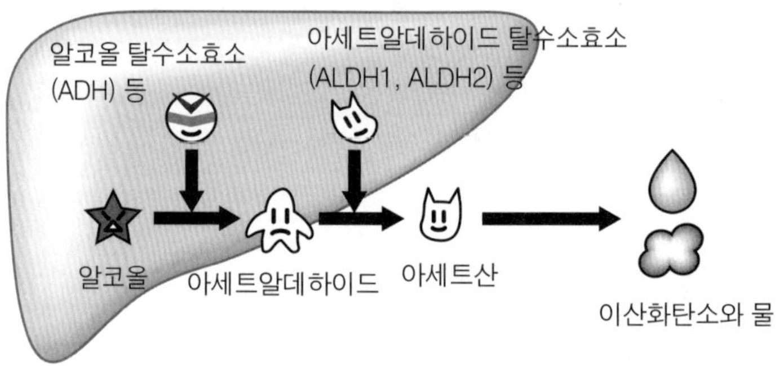

효소로서 단백질의 작용 2

세포가 분열할 때도 단백질은 빼놓을 수 없습니다. 세포가 둘로 분열하기 전에 핵 속의 DNA가 분열한 후 두 세포에 나누어 들어가기 위해 2배로 늘어납니다. DNA가 2배로 들어나는 이 과정(DNA 복제라 한다.)에서도 역시 「효소」로서 작용하는 단백질이 DNA를 2배로 늘어나는 반응을 담당합니다.

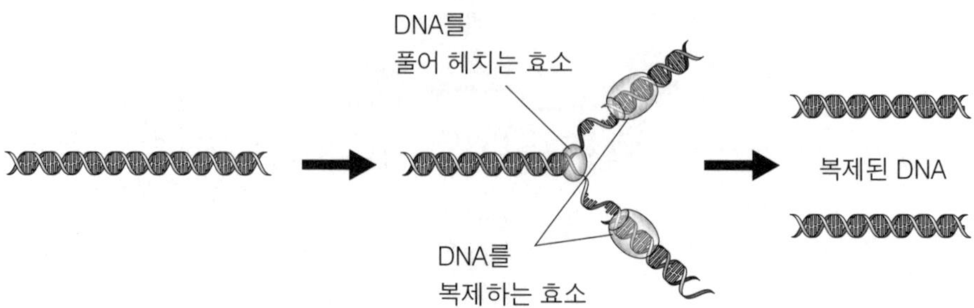

그리고 세포 전체가 둘로 나뉠 때도 세포 속에서 뼈처럼 되어 세포의 모양을 갖추고 있던 단백질이 마치 세포 전체를 잡아당기는 그물처럼 작용하여 세포를 분열시킵니다.

❖ 단백질의 근육 수축 작용

아침 식사 때 미남씨가 이야기해 준 「알통」 속의 단백질은 어떤 작용을 하나요?

좋은 질문입니다. 알통 같은 근육은 근세포(근섬유)가 모여서 다발이 된 조직입니다.

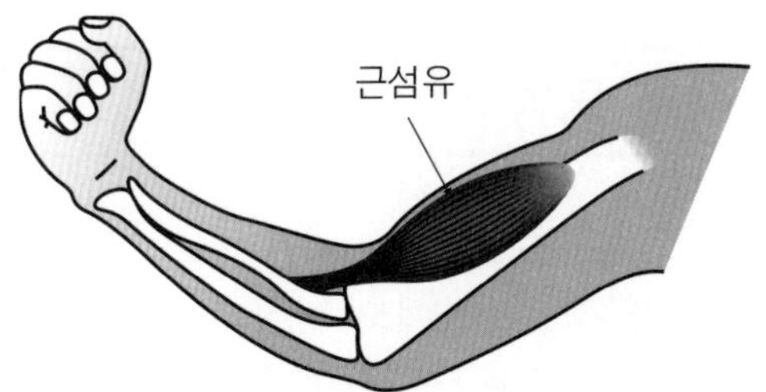

근육은 주로 「액틴」과 「미오신」이라는 두 종류의 단백질이 「액틴 필라멘트」, 「미오신 필라멘트」라는 가늘고 긴 섬유를 만든 것으로 이루어져 있습니다. 이들이 서로 매끄럽게 움직임으로써 근육을 오므릴 수 있습니다.

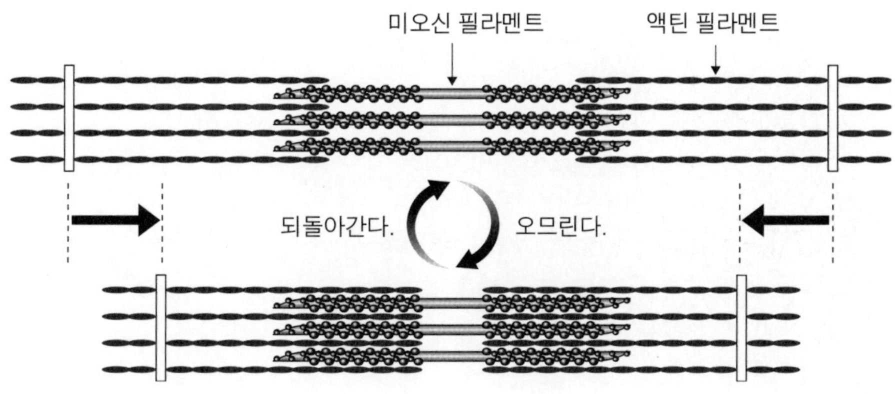

즉, 근육의 경우 단백질은 화학 반응의 촉매라기보다 오히려 근육이라는 형태와 그 움직임을 모두 책임지는 주역입니다.

잘 생각해 보면 효소맨은 결국 간의 작용을 도운 조연이었군요.

지혜! 그렇게 말하면 효소맨이 불쌍해져!

응!? 미, 미안! 그렇다고 고마워하지 않으면 안 되지.
효소맨 이야기는 이제 그만!

❖ 단백질의 주요 작용 요약

단백질은 이 밖에도 세포의 운동에도 직접 관여하고 있습니다. 우리의 몸에는 수만 내지 10만 종류에 이르는 단백질이 있으며, 각각 화학 반응의 제어(효소), 산소와 영양소의 운반, 근육의 수축, 몸의 항상성 유지(호르몬 등), 생체 방어(항체), 생물체 구조의 유지(콜라젠이나 케라틴) 등 정확하게 정해진 일을 하고 있습니다.

단백질의 주된 작용을 정리하면 다음과 같습니다.

- 화학 반응의 제어(효소)
- 근육의 수축
- 효소와 영양소의 운반
- 항상성의 유지(호르몬 등)
- 미생물 등으로부터의 방어(항체)
- 세포의 운동, 구조의 유지
- 생물체 구조의 유지(콜라젠, 케라틴 등) 등

이런 작용이 바로 생명 활동의 기본이 되고 있습니다.

단백질은 역시 대단해…….

그렇습니다. 단백질이 쉬지 않고 일을 해 주는 덕분으로 우리는 살아가고 있으니까요.

즉, 단백질이 효소맨으로서 악과 싸워 주는 덕분에 우리가 평화롭게 지낼 수 있는 셈이로군요!?

네!?

그렇다니까!

2 단백질의 재료 : 아미노산

❖ 단백질은 아미노산이 많이 연결되어 만들어진다.

제1장에서 생물의 몸은 세포가 쌓여 이루어진다고 했습니다. 세포가 모여 조직을 형성하고 조직이 모여 기관을 형성함으로써 생물의 몸을 만들어 내고 있는 것입니다. 어떻게 보면 벽돌을 입체적으로 쌓아 집을 지은 것 같은 느낌입니다.

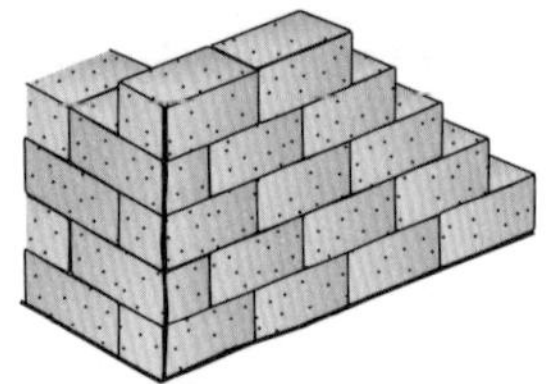

입체적으로 쌓아올린 벽돌

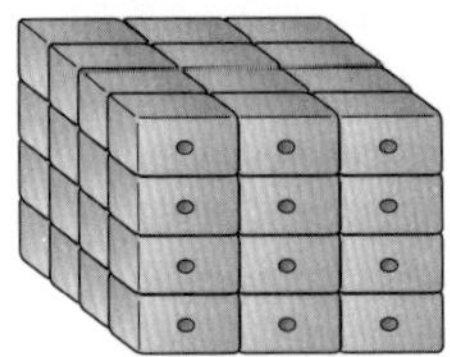

목적의 조직을 만드는 세포

한편, 단백질은 아미노산이라는 분자가 연결되어 만들어지고 있습니다.

아미노산이 연결되어 만들어진 단백질

연결되어 만들어지고 있다고 하면, 실은 DNA도 뉴클레오타이드라는 물질이 연결되어 있는 것입니다.

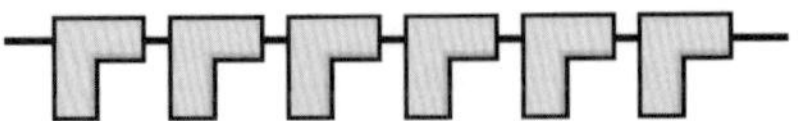

뉴클레오타이드가 연결되어 만들어진 DNA

세포와 단백질이 모두 같은 거예요!?

아뇨, 세포와 크게 다른 점이 있습니다. 세포는 입체적으로 쌓아올려 몸의 조직을 만들지만, **아미노산은 가로로 일직선으로 연결되어** 단백질을 만듭니다.

세포를 벽돌에 비유하면 아미노산은 구슬이나 진주 목걸이처럼 일직선으로 이어진 것이네요.

그렇습니다. 그리고 생물이 만들어 내는 단백질은 다음과 같은 20종류의 아미노산으로 되어 있습니다.

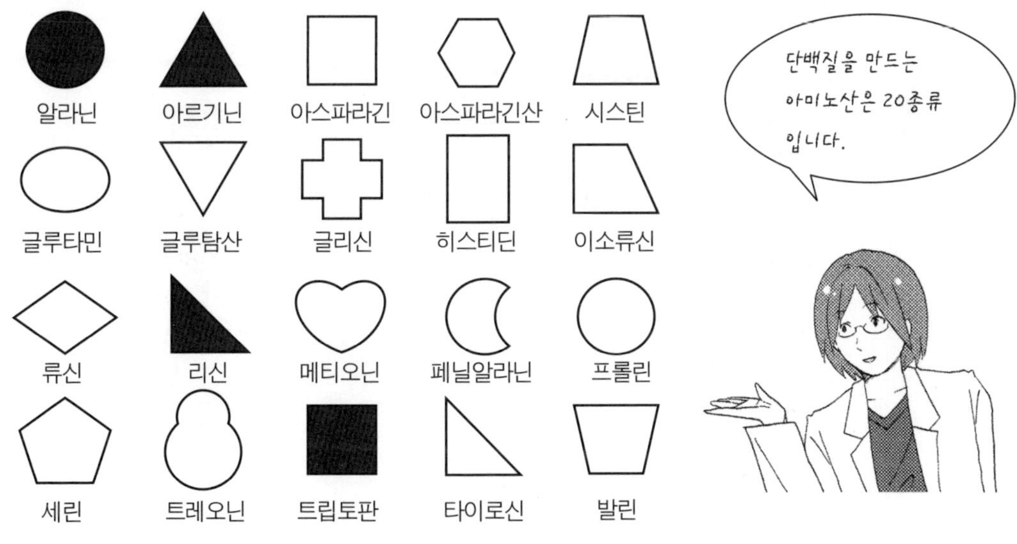

20종류의 아미노산

아미노산이라고 하면 스포츠 음료에도 들어 있는 거야! 아미노산은 20종류나 있고, 이것을 정해진 순서대로 늘어세우면 특정 단백질이 된대.

아미노산의 종류는 실은 훨씬 많지만, 단백질을 만드는 아미노산으로 한정할 경우 20종류입니다. 여기서 아미노산의 구조를 살펴보기로 할까요. 다음 그림에서 화학 구조식으로 나타낸 것처럼 아미노산에는 「공통되는 부분」과 「서로 다른 부분」이 있습니다.

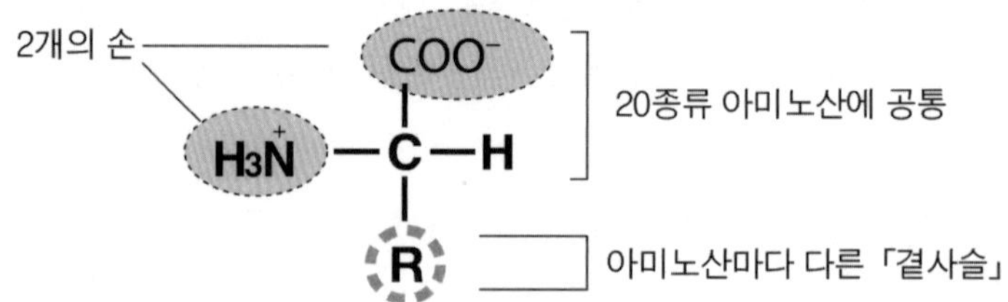

위의 그림에서 Ⓡ 라고 표기된 부분은 곁사슬이라고 하며, 20종류의 아미노산에서 각각 다른 부분입니다. Ⓡ, 즉 곁사슬에는 수소 원자가 1개뿐인 단순한 것에서부터 일반적으로 「거북이 등딱지」라 하는 「벤젠핵」이 여러 개 붙어 있는 복잡한 것에 이르기까지 20가지가 있습니다.

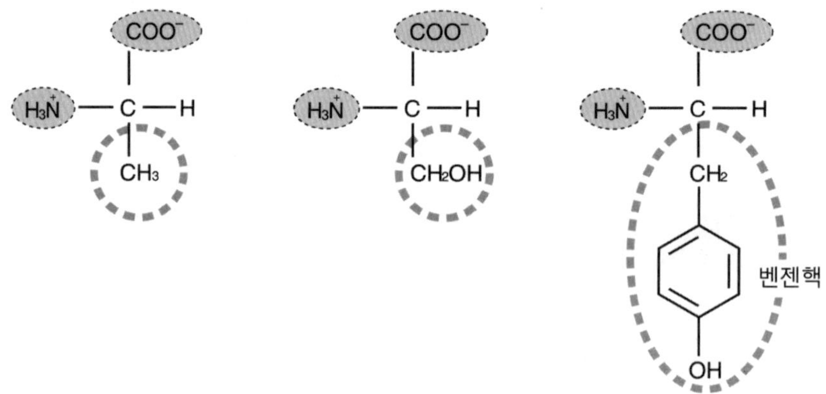

이 20종류의 아미노산이 그림의 「H_2N^+」「COO^-」라는 2개의 「손」을 사용해 의외로 길고 여러 가지 순서와 여러 가지 횟수로 연결됨으로써 여러 종류의 단백질이 만들어지는 것입니다.

❖ 아미노산이 1개만 달라져도 큰일 난다!

갑작스러운 질문이지만 사람의 피는 왜 붉은지 알고 있나요?

인간의 혼은 효소맨처럼 정의에 불타고 있기 때문이에요!

그런 게 아냐! 아직도 효소맨을 끌어들여…….

정답은 혈액 속에 「헤모글로빈」이라는 붉은 색소가 많이 들어 있기 때문입니다. 적혈구에는 헤모글로빈이 산소 분자를 달라붙게 해 몸 속의 세포로 운반하는 중요한 작용이 있습니다. 세포는 이 산소를 받아 에너지를 만들어 냅니다. 헤모글로빈에는 철분이 들어 있어 그것에 의해 선명한 붉은색이 되는 것입니다.

그렇지만 미남 씨, 왜 갑자기 단백질 이야기에서 혈액 이야기로 바뀌었나요?

혈액 속의 헤모글로빈도 실은 그 주성분이 단백질입니다. 하지만 보통의 단백질과는 달리 아래 그림에서 보다시피 알파와 베타라는 2종류의 단백질(글로빈)이 2개씩 합계 4개가 모여 이루어져 있습니다. 이럴 경우 각각의 단백질을 「서브유닛」이라고 합니다. 헤모글로빈의 형태를 이루고 있는 2종류의 서브유닛은 각각 20종류의 아미노산이 정해진 차례로 길게 이어져 만들어지고 있습니다.

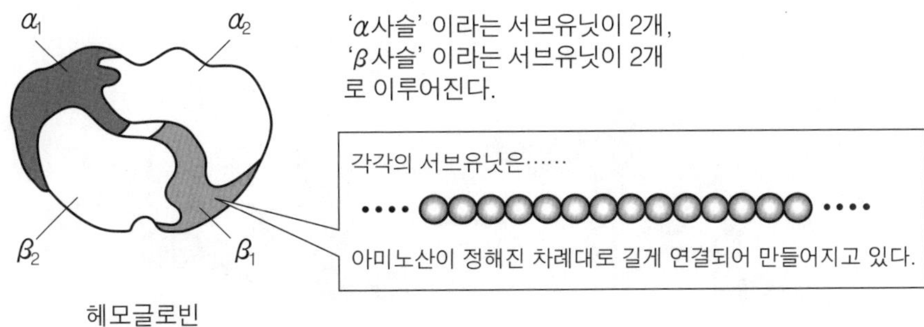

헤모글로빈

연결되어 있는 아미노산 가운데 단 1개만 바뀌어도 큰일납니다.
예컨대, 글로빈의 β 사슬이라는 서브유닛에 포함된 여섯 번째 아미노산 「글루탐산」이 「발린」으로 바뀌어 버리면 헤모글로빈의 모양이 비정상적이 되어 제대로 산소가 운반되지 못하기 때문에 어쩔 수 없이 빈혈을 일으킵니다. 적혈구도 형태가 바뀌어 「낫」처럼 예리하며 가늘고 긴 모양이 되어 버립니다.

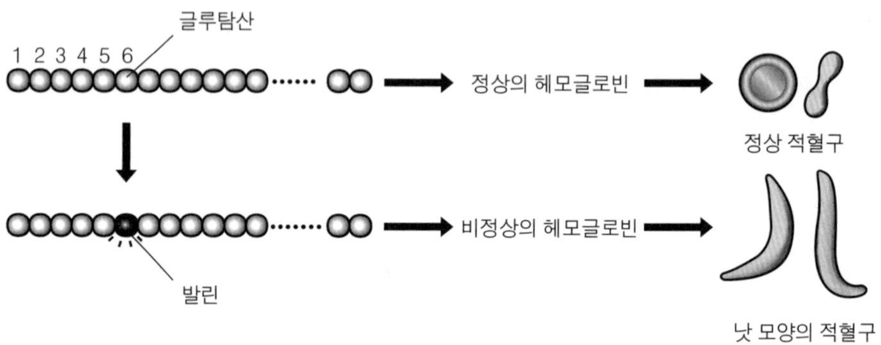

아미노산이 어떤 차례로 늘어서 있느냐 하는 것도 중요합니다.
왜냐하면, 각각의 아미노산에서 서로 다른 Ⓡ 부분이 정전기적 힘이나 「수소결합」, 소수성 상호 작용 등의 힘으로 서로 끌어당기고 있으며 그 힘의 균형에 의해 단백질 전체의 모양(입체 구조)이 결정되기 때문입니다. 즉, 1개의 아미노산이 다른 아미노산으로 바뀌어 들어가면 단백질의 모양도 바뀌는 것입니다.

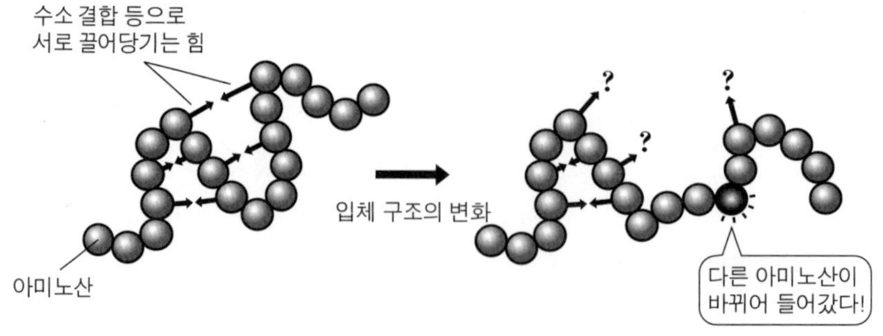

3 단백질의 설계도 : 유전자

❖ 늘어서는 방법만 정해지면

❖ 그래서 설계도가 바로 거기에 있다.

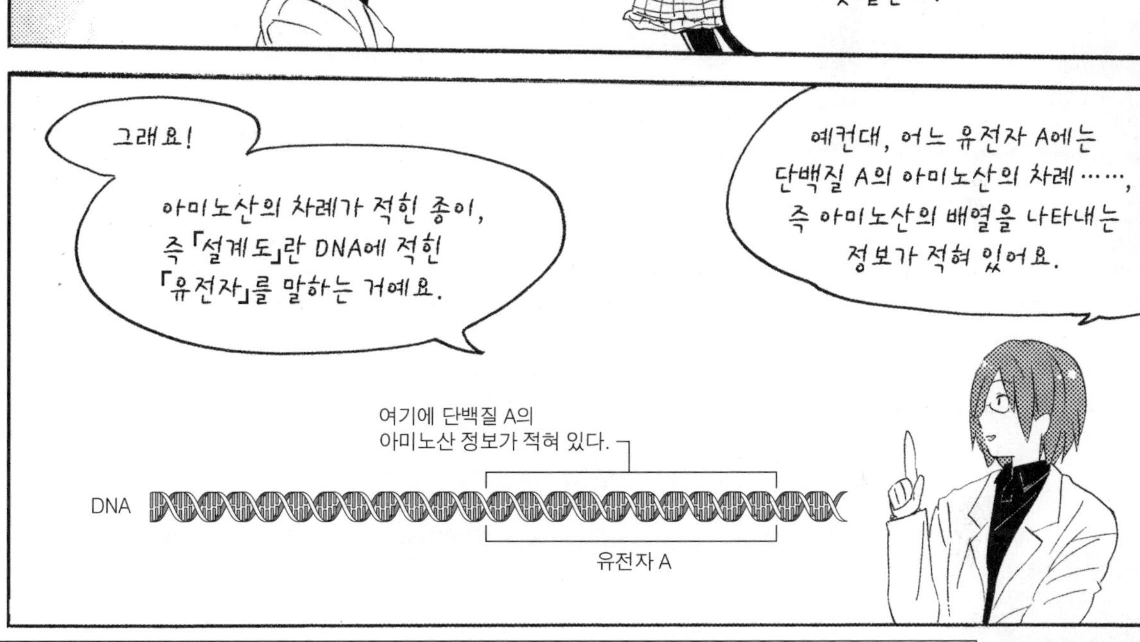

❖ 아미노산의 순번 정보는 암호로 DNA에 적혀 있다.

단백질은 아미노산이 연결되어 만들어지고 있지만, DNA는 아미노산으로 되어 있는 것이 아니에요.

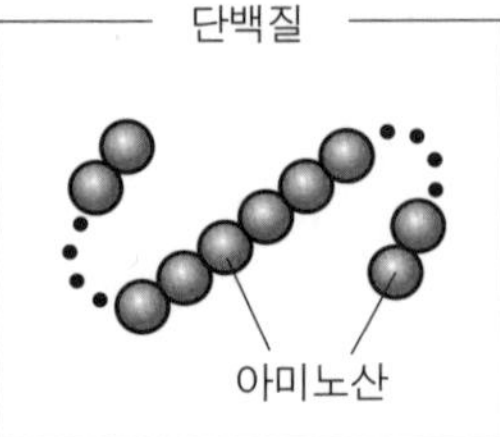

DNA

아미노산이 아니다!!

DNA에는 DNA 특유의 문자가 있어 그것에 의해 아미노산의 차례가 지정돼 있지요.

이 DNA 특유의 문자 배열은 암호로 되어 있어요.

번역

DNA의 「문자」 ──→ 단백질의 아미노산 배열

단백질 합성 공장의 역할을 지닌 리보솜이 이 암호를 제대로 「번역」함으로써 아미노산의 배열을 이해해 단백질이 만들어지지만

이것에 대해서는 제4장에서 학습하기로 하고 일단 제쳐놓고 나갑시다.

4 DNA와 뉴클레오타이드

❖ DNA는 긴 「사슬」, 그리고 이중 나선 모양을 하고 있다.

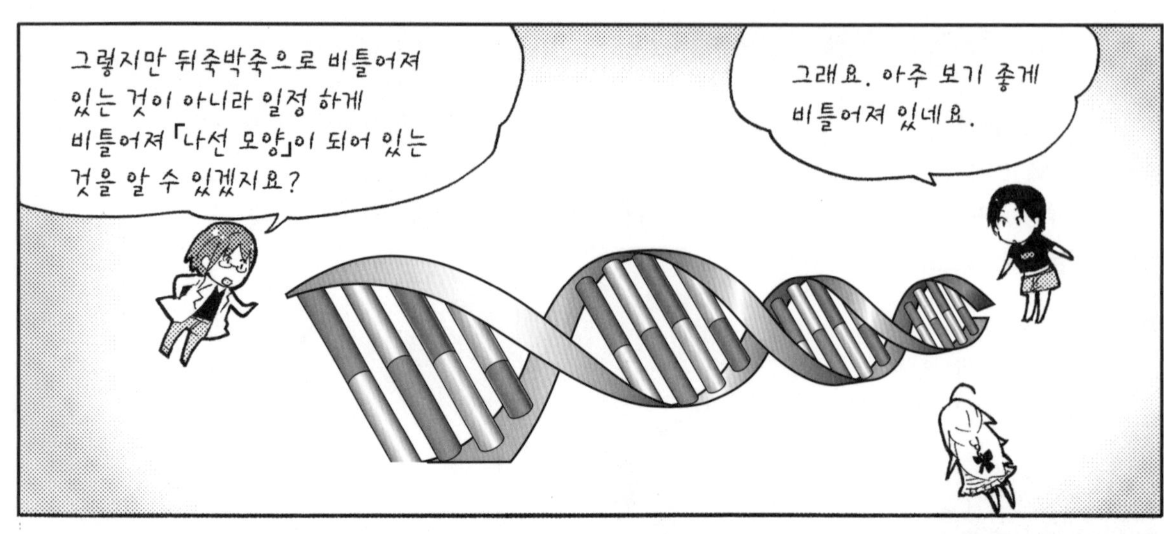

❖ DNA의 재료 뉴클레오타이드

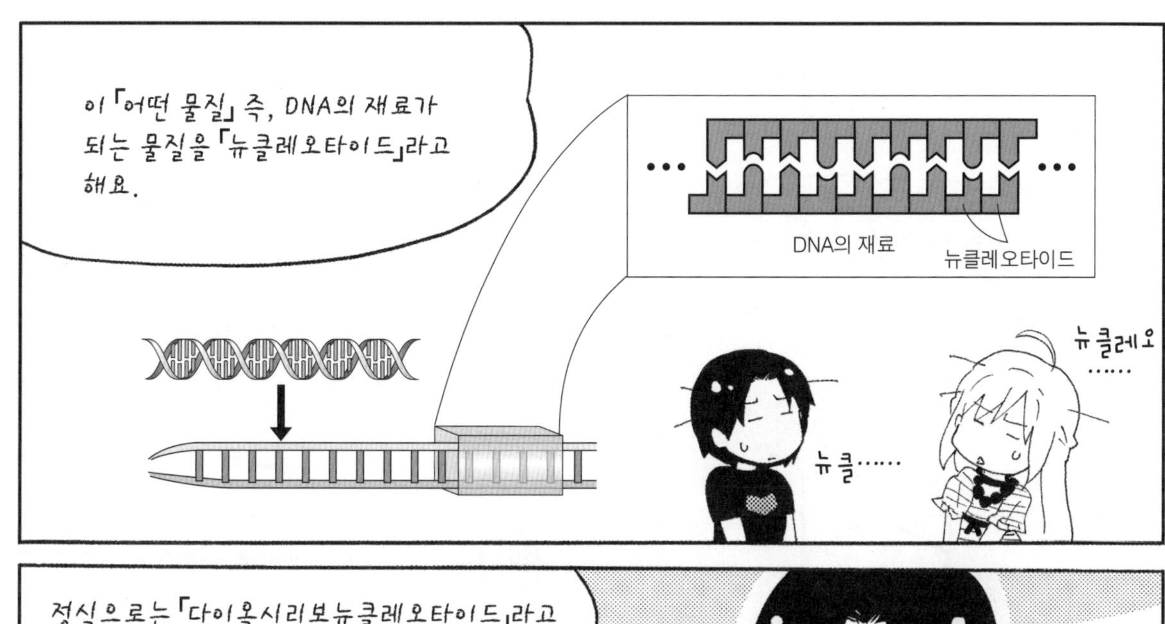

정식으로는 「다이옥시리보뉴클레오타이드」라고 하지만 길어서 불편하므로 여기서는 「뉴클레오타이드」라고 부르기로 해요.

「뉴클레오타이드」도 외우기 어려운데……

여러 번 발음하다 보면 나도 모르는 사이에 외워져요.

뉴클레오타이드
뉴클레오티이드
뉴레클오타이드
뉴레타이오클드……

미묘하게 틀려지네……

휴우우우

뉴클레오타이드와 「문자」

이것이 뉴클레오타이드의 모양이에요.

P P P P P
염기 염기 염기 염기
DNA

염기
P P P H H O H H H H OH H
인산
다이옥시리보오스
뉴클레오타이드

그리고 DNA는 이런 모양을 이루고 있어요.

뉴클레오타이드는 크게 세 부분으로 나눌 수 있어요.

「인산」과 「다이옥시리보오스」 그리고 「염기」 세 가지예요.

인산은 무시무시한 「도깨비불」의 정체인 「인」에 산소가 달라붙어 산성이 된 물질이에요.

이크~

둥 둥

다이옥시리보오스라는 것은 「당」의 일종이에요.

할짝

사탕의 일종이지만 이것은 핥아도 달지 않아요.

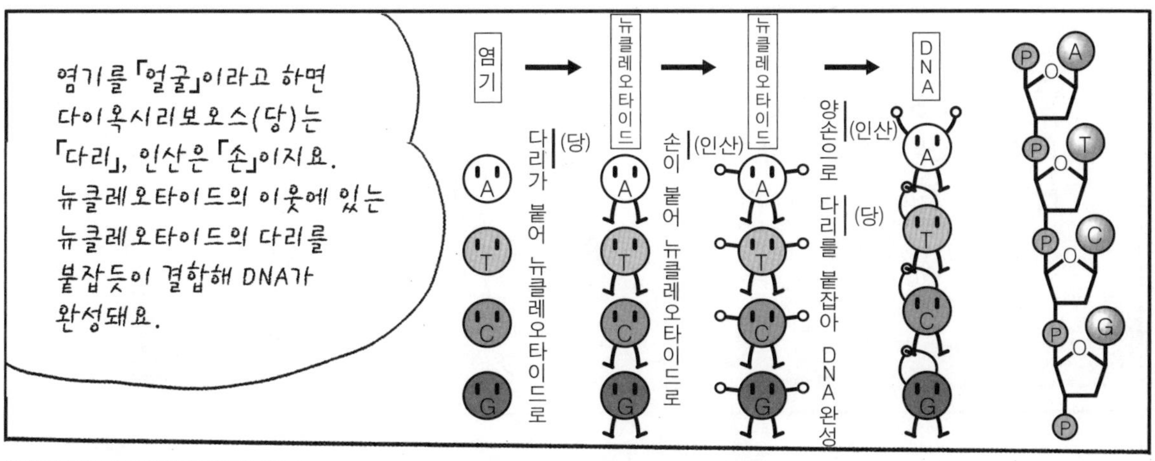

염기를 「얼굴」이라고 하면
다이옥시리보오스(당)는
「다리」, 인산은 「손」이지요.
뉴클레오타이드의 이웃에 있는
뉴클레오타이드의 다리를
붙잡듯이 결합해 DNA가
완성돼요.
염기
다리가 붙어 뉴클레오타이드로
(당)
뉴클레오타이드
손이 붙어 뉴클레오타이드로
(인산)
뉴클레오타이드
양손으로 다리를 붙잡아 DNA 완성
(인산)
(당)
DNA

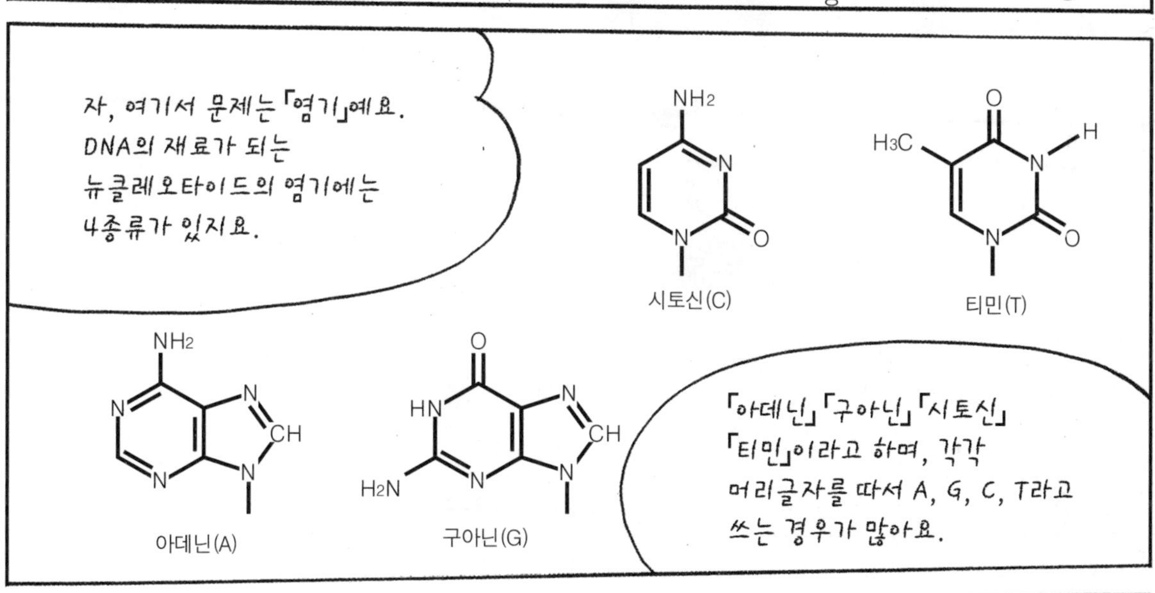

자, 여기서 문제는 「염기」예요.
DNA의 재료가 되는
뉴클레오타이드의 염기에는
4종류가 있지요.
시토신(C)
티민(T)
아데닌(A)
구아닌(G)
「아데닌」「구아닌」「시토신」
「티민」이라고 하며, 각각
머리글자를 따서 A, G, C, T라고
쓰는 경우가 많아요.

염기는 뉴클레오타이드의 일부예요.
따라서, 염기가 4종류 있다는 것은
뉴클레오타이드도 4종류가 있다는
셈이지요.
DNA는 이 4종류의 뉴클레오
타이드가 다양한 순번으로 길게
이어진 구조를 하고 있는 거예요.
응? 앞에서 비슷한
이야기를 들은 것 같은데……
그래요, 단백질도
20종류의 아미노산이
다양한 순번으로 길게
이어지는 구조를 하고
있었지요.
그래!!
단백질 이야기야!!

즉, 단백질과 DNA는
모두 여러 종류의 재료가
다양한 순번으로 길게
이어진 것이에요!

그럼, 이것은
기억하고 있어요?
아미노산의 순번에 대한 정보는
암호로 DNA에 적혀 있고……,
그 암호는 DNA 특유의 문자라는
이야기.

알았다!!
DNA 특유의 문자가
바로 「염기」로구나!!
똑똑해요!

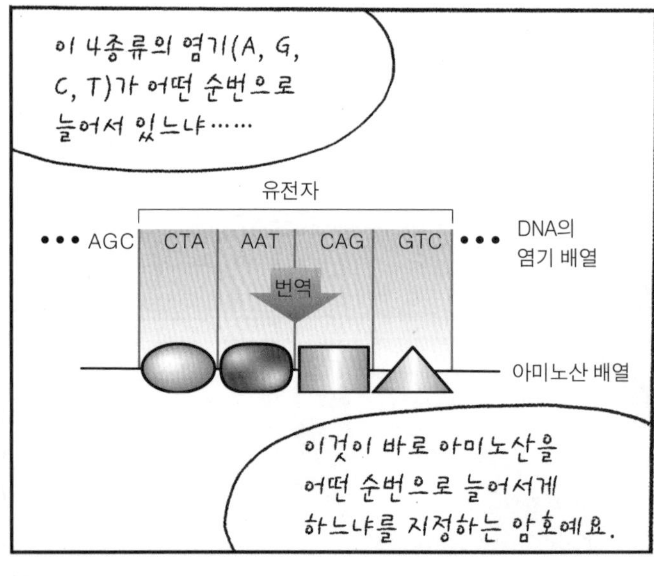
이 4종류의 염기(A, G,
C, T)가 어떤 순번으로
늘어서 있느냐……
유전자
••• AGC
CTA
AAT
CAG
GTC •••
DNA의
염기 배열
번역
아미노산 배열
이것이 바로 아미노산을
어떤 순번으로 늘어서게
하느냐를 지정하는 암호예요.

즉, 「유전자」란 1개의
단백질을 구성하는
아미노산의 「순번
정보」인 셈이지요.

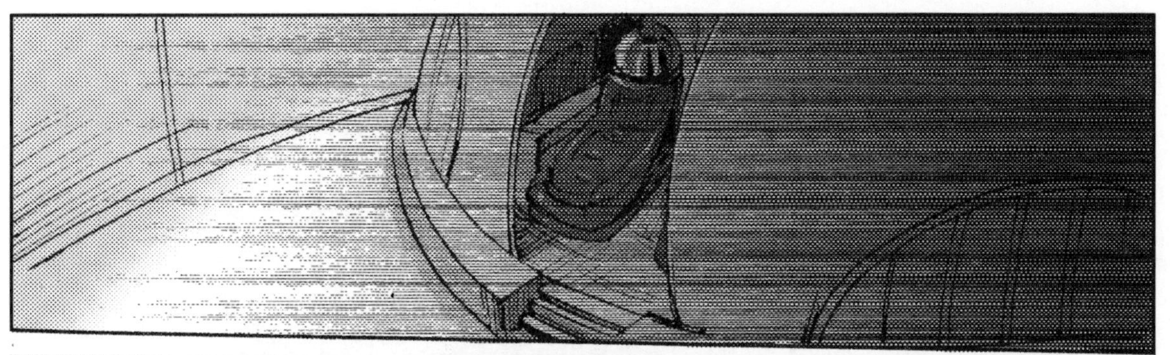

그래요 …… 그러니까 「유전자」 라는 이름의 물질이 어딘가에 있는 것인가 생각하지만, 그런 것이 아니라 아미노산을 어떻게 늘어서게 하느냐는 정보라는 것이로군요.
그래요. 지혜 씨는 잘 알고 있네요.
지혜는 치사해!! 자기만 알았구나!!
응? 연희는 몰랐어!?

뉴오타이클레드―!!
엉엉 ―
알았어, 알았다니까!! 오늘 밤 천천히 가르쳐 줄게!!
두 사람 모두 열심히 하고 있어요. 이현명 박사님……
에이―
꺄 아―

5 유전자의 도서관 : 게놈

2003년에 「인간 게놈 프로젝트」라는 국제적인 프로젝트가 일단락되었습니다. 어떤 프로젝트냐 하면, 우리 인간이 하나하나의 세포 속에 가지고 있는 DNA가 어떤 염기 배열 순서로 이루어져 있는지, 즉 모든 DNA의 염기 배열을 읽어 내려는 프로젝트였습니다.

인간의 경우, 모든 DNA의 염기가 어떻게 늘어서 있는지를 조사해 그것을 적으면,

AGTCGTATCGACGATCGACTGATCGATCGATCGTAGTCAGTCAACATGCTGTCAGTGT……

의 상태로 A, G, C, T 4개의 문자가 30억 개나 늘어섭니다.

이 30억 개나 되는 「문자열」 속에는 아미노산이 늘어서서 단백질이 되는 방법의 암호인 부분, 즉 「유전자」가 들어 있습니다.

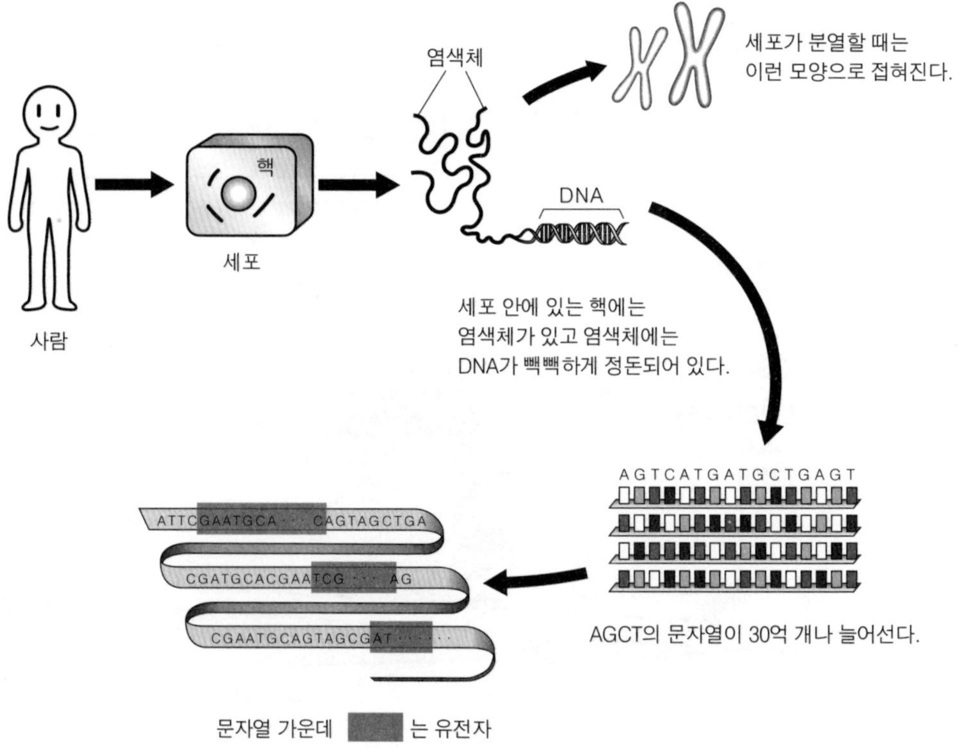

이 모든 「문자열」, 즉 모든 DNA의 염기 배열을 통틀어 「**게놈**」이라고 하며, 모든 생물이 그 세포 하나하나 속에 각각 가지고 있습니다. 그리고 인간의 게놈을 「**인간 게놈**」이라고 합니다.

우리처럼 아버지와 어머니로부터 DNA를 받는 생물의 경우 그 세포에는 아버지로부터 물려받은 게놈과 어머니로부터 물려받은 게놈이 각각 있으므로 우리는 게놈을 두 세트 가지고 있는 셈입니다.

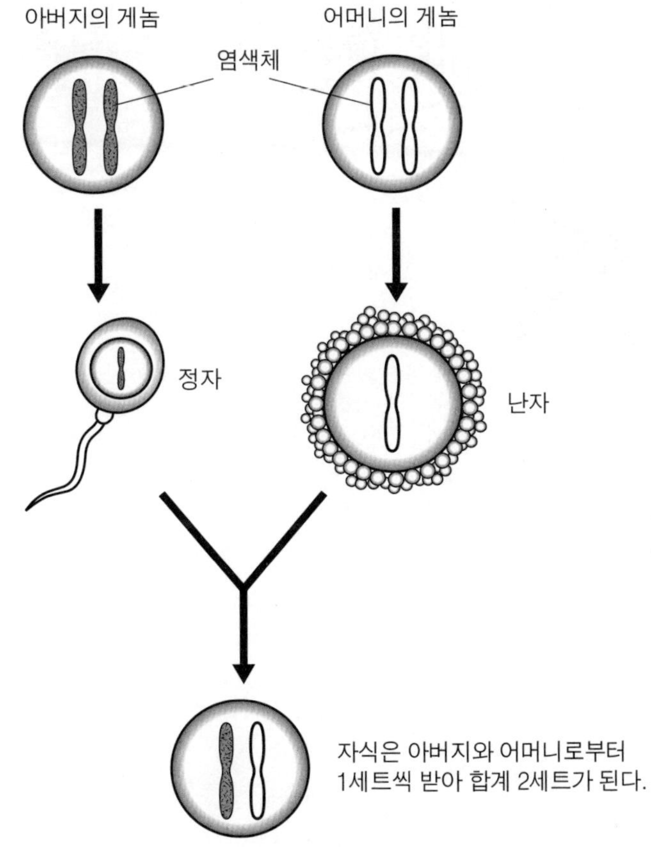

주) 실제로는 아버지와 어머니로부터 각각 물려받은 23개씩(23쌍 46개)의 염색체를 가지고 있지만, 여기서는 개념을 파악하기 위해 1쌍 2개의 염색체를 예로 들어 해설하고 있다.

게놈이란 말하자면 「유전자」라는 책을 갖추고 있는 도서관 같은 것입니다. 게놈은 실은 유전자 이외의 부분이 많으며, 그런 부분이 왜 존재하는지에 대해서는 현재 빠른 속도로 연구가 이루어지고 있습니다. 즉, 그 도서관에 들어가 서가를 보면 등표지가 새하얀 책들 가운데 때때로 「유전자」라는 이름이 들어간 책이 끼여 있는 것처럼 보일 것입니다.

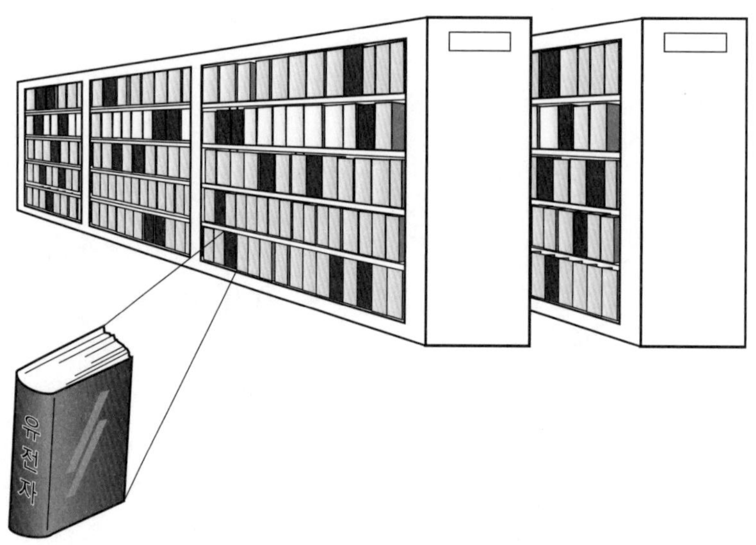

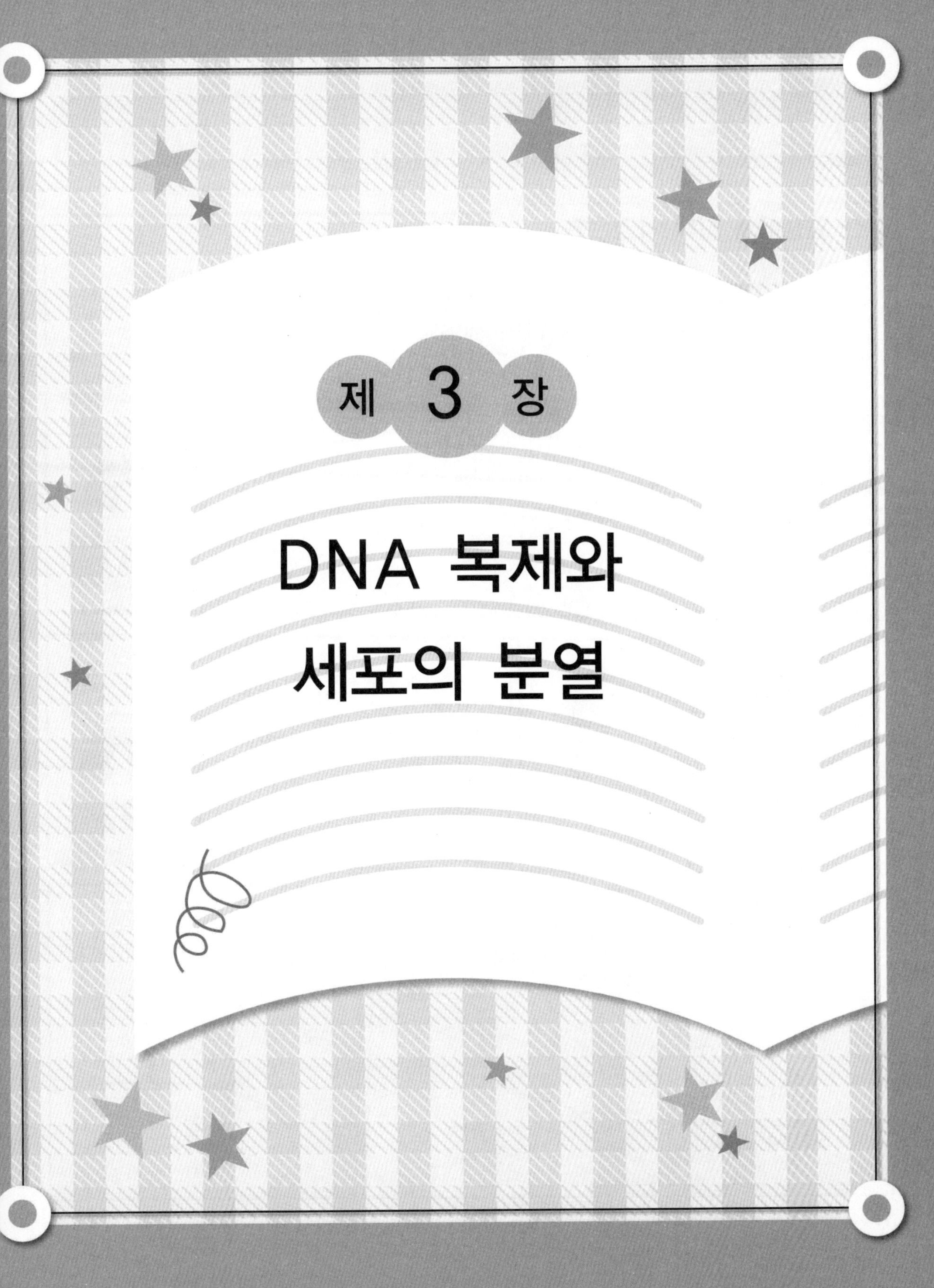

제 3 장

DNA 복제와 세포의 분열

1 세포는 분열하여 늘어난다

❖ 일생에서 최대 사건은?

생물에게 ……?
하하하
물벼룩이 순백의
드레스를 입은 모습이나
문어 신랑신부가 피아노를 치는
모습 등을 상상할 수 있어요?
아뇨……
그럴 수……
없어요.
훗……
인간 이외 대부분의 생물에게
일생 최대의 사건이란
결혼식이 아니라
그 후에 이루어질 생식 —
즉, 자손을 남기는 일이에요!
그럼 지금부터
강으로 나가겠습니다.
활동하기 좋은 복장으로
옷을 갈아입고 오세요.

오래 기다렸지요~!

……

?

뭐……좋아요.

연어가 필사적으로
강을 거슬러 올라가고
있어요.
쏴
쏴
아니!? 그런 계절이었나!?

본래 연어는 9월부터 11월 무렵
북방의 바다로부터
자신이 태어난 강으로
돌아오지만
이 강은 연구를 위해 특수한
기상 조건으로 설정되어
있으므로 계절은 신경 쓰지
마세요.
이현명 선생님
정말 대단해!
하지만 추워서
헤엄칠 수가 없잖아!
그보다, 보세요!

암컷과 수컷이 만났어요!

산란과 동시에 수컷이
정자를 뿌려요.

수고 많았어.
언제까지나 행복해……
흑흑……
……응!?

둥~실
쿵……
저런……
앗!?

있는 힘을 다해 강을 올라와 알과 정자가 만나는 것을 보고는 그대로 생명이 끝나는 연어들―
그 자세는 바로 「수정을 위해서만 살아간다」는 생물 본래의 순수한 모습이라 할 수 있을지도 몰라요.

알았어요.. 이제부터 나도 수정을 위해서만……
딱
훌쩍……
바보!

「수정」이란 것은 인간이나 연어 등 다세포생물의 경우 자손을 남기는 방법인 「유성 생식」의 한 단계인데―
세포가 하나밖에 없는 단세포생물은 정자나 난자를 만들지 못해요.

그들은 어떻게 자손을 늘일 거라고 생각하나요?
스스슥
분신술일까……?

❖ 세포 분열: 자손을 남기기 위한 가장 원시적인 방법

우와

물속이야!? 공기……숨이 막혀! 죽겠어

가상 영상일 뿐이에요!

조금만 더 하면
익숙해져, 연희야……
봐요, 저기에 바로 자손을
늘리려는 단세포생물이
있어요. 가까이 가 보지요.
기다려요~
휙
휙

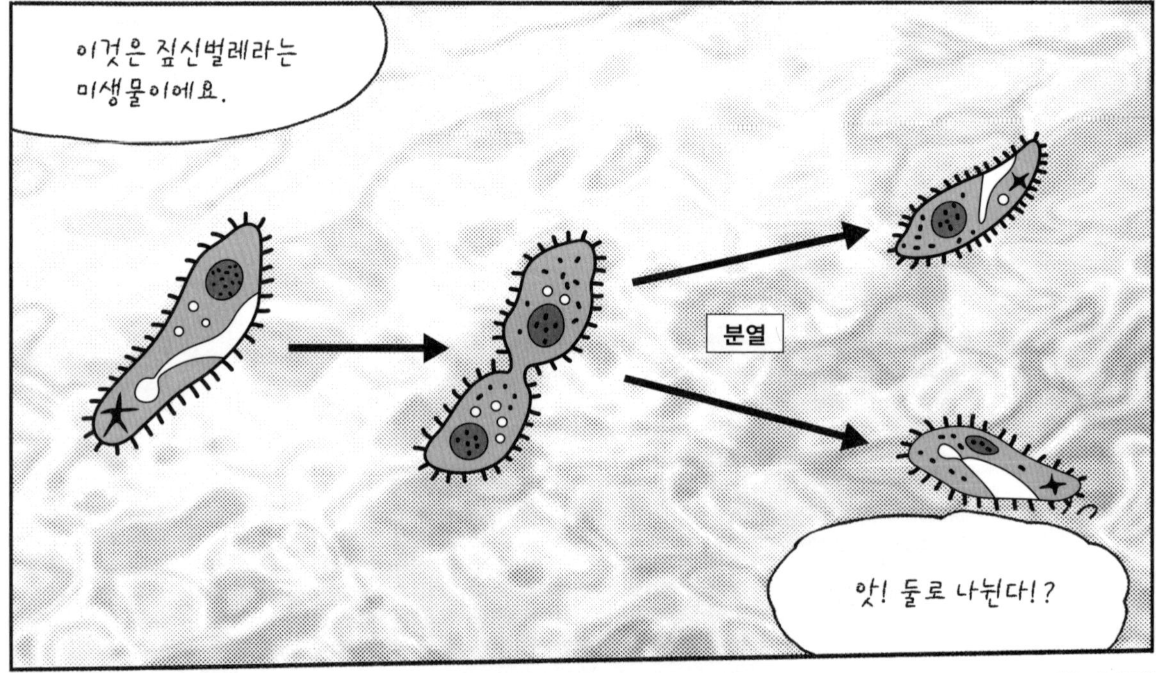
이것은 짚신벌레라는
미생물이에요.
분열
앗! 둘로 나뉜다!?

그래요, 이렇게 해서
자손이 늘어났어요.
단번에
끝나~
부……분신술!?
그래요. 이것이 「세포 분열」
이지요.

단세포생물은 단 하나의
세포로 이루어져 있어요.
단세포생물은 세포를
분열시킴으로써 자손을
늘려요.
와—
내가 맞혔어!

확실히 간편해요. 하지만
1시간에 1번의 속도로 분열해
나가면—
폭
폭
그래서 그대로 둘로 분열하는
것이 가장 손쉬운 거예요.
이런—
단순하기는……
과연 단세포……
뭐!?

24시간 뒤에는 단 하나의
세포가 약 1680만 개까지
늘어날 수 있어요.
와~
우글
우글
이크

*그러나 짚신벌레 등 일부의 단세포생물의 경우에는 개체끼리 달라붙어 유전자의 일부를 교환하는 「유성 생식」을 하는 것도 있습니다.

❖ 다세포생물은 세포 분열에 의해 몸이 유지된다.

인간도 분열해 버리면 빠를 텐데

와글

……………

……………

와글

이런, 멍청이

호호

?

인간은 세포 분열하지 않아도 되……

?

훌륭해!

앗,
이현명 선생님!
짜안~
휙!!
마침내 실물 등장!?

그렇게 말하면 여기도
가상 세계라……
그런 것은 어쨌든
좋아! 그보다 —

인간을 비롯한
다세포생물이라도 세포
분열을 일으키고 있음을
알아 두어야 해!
쿵!!
으잉!? 인간이 세포 분열!?

단세포생물에게 「세포 분열」은
그대로 「자손을 남기는 것」을
의미하고 있지만……
인간 같은
다세포생물은
그런 것이 아니지.

확실히 자손을 남기기 위해
세포 분열을 하여 생식 세포를
만들려는 것도 있지만
그것만은 아니야.
자손을 남기기 위한
것만이 아니라면……

무엇을 위해
분열하지……?
음, 그것을 보러
가기로 하지.

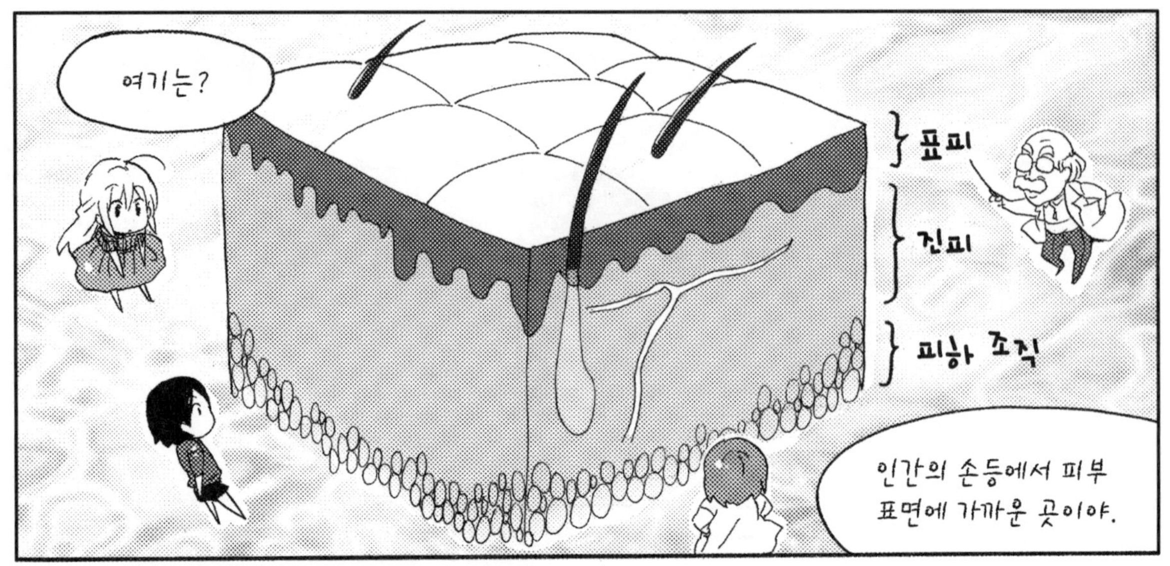
여기는?
표피
진피
피하 조직
인간의 손등에서 피부
표면에 가까운 곳이야.

세포가 차례로
만들어지고 있는 것을
알 수 있을 거야.
벗겨진다.

정말이야—
뭔가 부슬부슬
벗겨져 떨어지는걸.

우리가 날마다 욕조에 들어가 몸에
붙어 있는 먼지와 땀을 씻어 내는데,
그때 동시에 오래된 피부의
표피세포를 때로 씻어 내고 있지.
으와, 저렇게 벗겨지고
있는 것이 때로군요.……

어떤 세포에도 수명이 있어
어느 정도 사용되면 죽어
버리는 거야……
……

따라서, 죽어 가는 세포를 돕기 위해 차츰 새로운 세포를 만들어 내지 않으면 인간은 몇 십 년도 몸을 유지할 수 없어.
그러니까……인간은 몸 전체를 분열시킬 수는 없어도 세포 하나하나는 분열할 수 있는 거야.

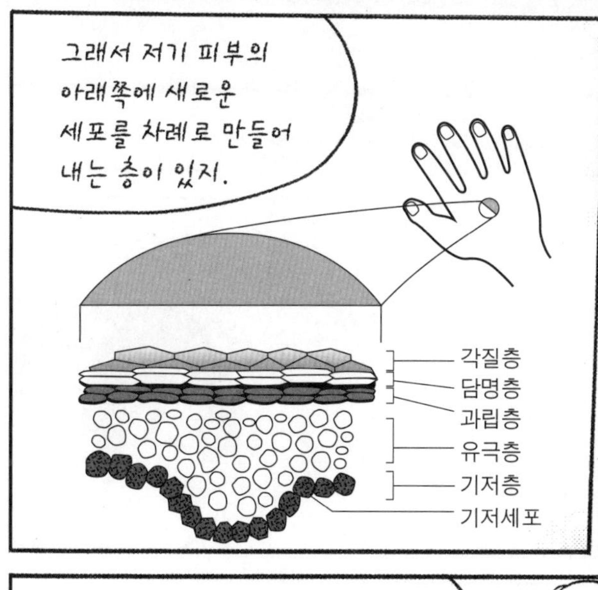
그래서 저기 피부의 아래쪽에 새로운 세포를 차례로 만들어 내는 층이 있지.
각질층
담명층
과립층
유극층
기저층
기저세포

차츰 분열해!
정말이야!
어어

그처럼 왕성하게 분열하고 있는 세포를 「기저세포」라고 해.
기저세포가 분열을 되풀이함으로써 새로운 세포가 차츰 생겨서 오래되고 버려진 세포를 보충해 주는 거지.

심장이나 뇌신경 등의 일부 조직을 제외하고는 몸속에서 똑같은 일이 일어나고 있어.

아……
연희 같은 단세포생물의 경우에는 「세포 분열」은 그대로 「자손을 남기는」 것을 의미하겠지만…
우리 다세포생물의 경우에는 그에 덧붙여 「몸을 유지하기」 위해서도 중요한 현상이구나!
휴—
그래요.
하하하
미안해요. 정말!!
씨이—
확신범
미남 씨! '그래요.'가 아녜요! 나도 다세포생물이라고요.
아, 틀림없이 실험실에서 자신의 가상 영상을 조작하고 계실걸요.
정말! 아무리 바쁘시더라도 한 번쯤 모습을 보여 주시면 좋을 텐데!
……아니?
이현명 선생님은?
그렇다면……

2 분열 이전에 DNA가 복제된다

❖ 그럼, 설계도는?

세포가 차츰 분열하는 것은 알겠지만 그때 세포 속의 유전자는 어떻게 되는 거예요?

좋은 질문이에요.

방긋…

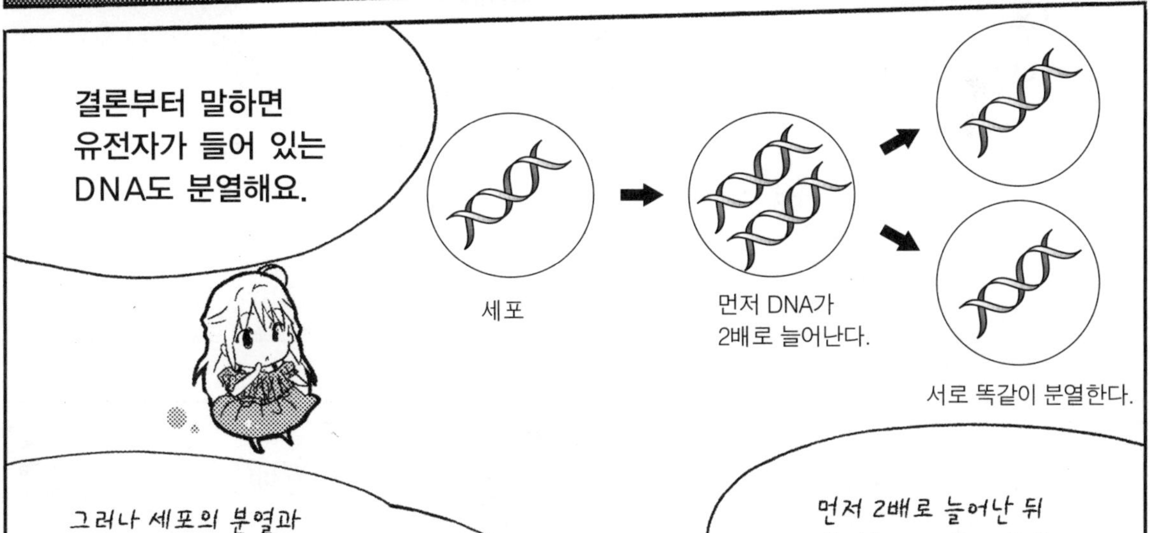

결론부터 말하면 유전자가 들어 있는 DNA도 분열해요.

세포

먼저 DNA가 2배로 늘어난다.

서로 똑같이 분열한다.

그러나 세포의 분열과 크게 다른 것은 DNA는 먼저 정확하게 2배로 늘어난 뒤 서로 똑같이 분열한다는 점이에요.

먼저 2배로 늘어난 뒤 분열하기 때문에 분열 전후로 DNA의 길이는 바뀌지 않아요.*

* 실제로는 진핵생물 세포의 다수에서 DNA가 2배로 늘어날 때 DNA의 길이가 아주 조금씩 짧아진다고 알려져 있습니다.

❖ DNA는 이중으로 되어 있다.

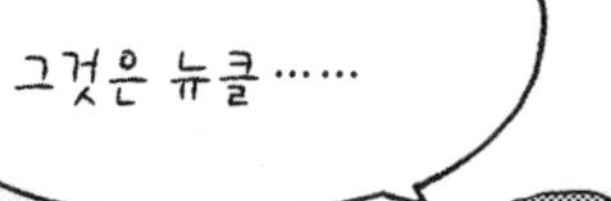

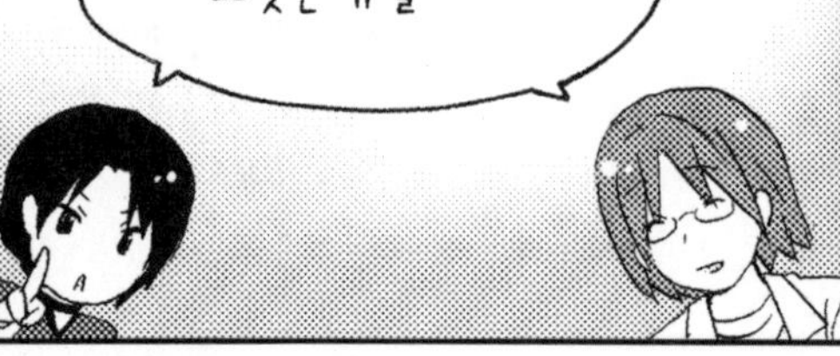

그럼 DNA가 왜 이중으로
되어 있을까? 그 수수께끼를
풀러 가 볼까요?
좋아요!

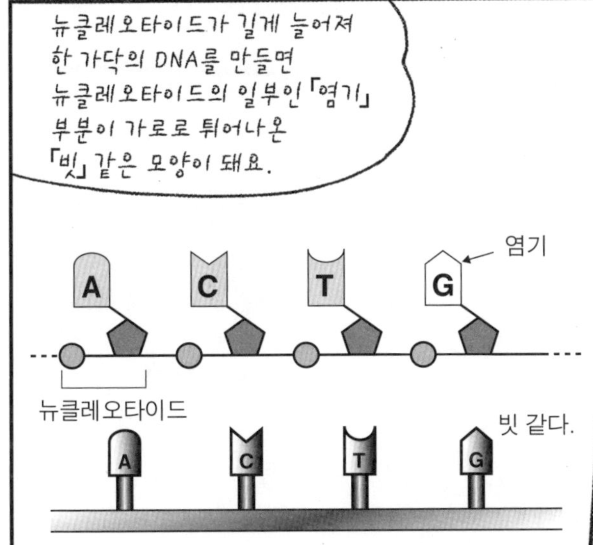
뉴클레오타이드가 길게 늘어져
한 가닥의 DNA를 만들면
뉴클레오타이드의 일부인 「염기」
부분이 가로로 튀어나온
「빗」 같은 모양이 돼요.
염기
A
C
T
G
뉴클레오타이드
빗 같다.

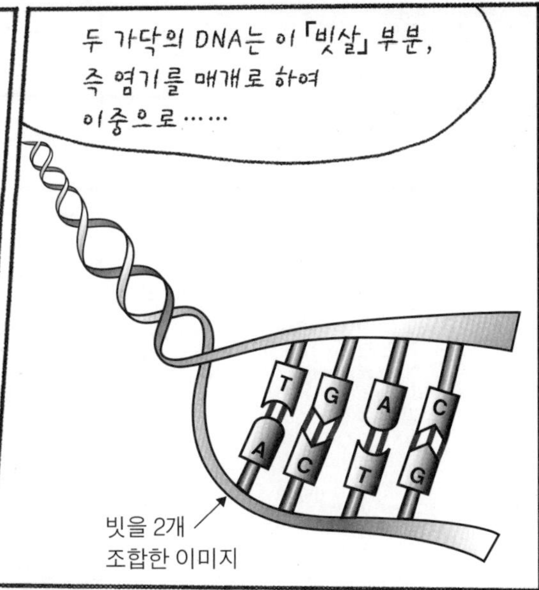
두 가닥의 DNA는 이 「빗살」 부분,
즉 염기를 매개로 하여
이중으로……
빗을 2개
조합한 이미지

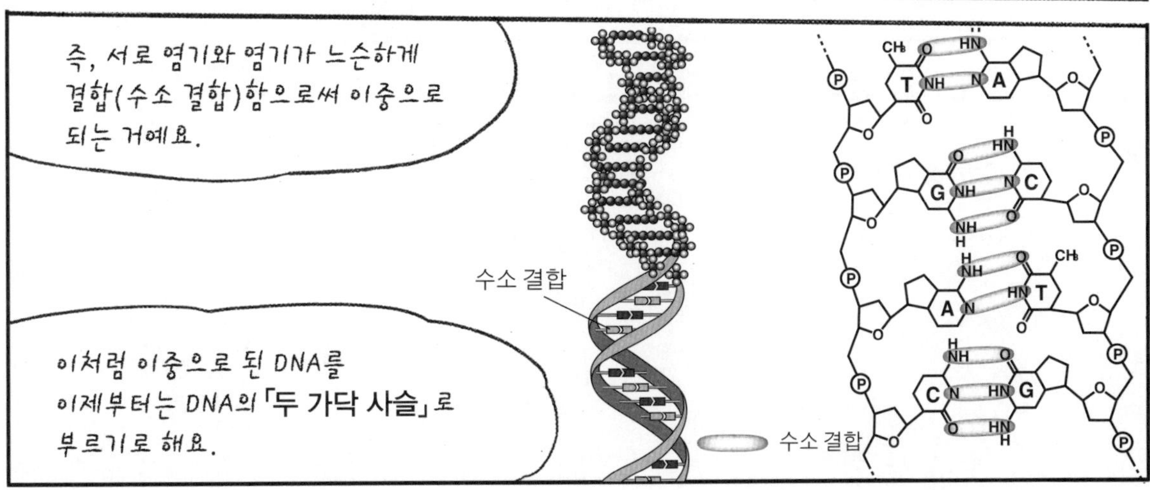
즉, 서로 염기와 염기가 느슨하게
결합(수소 결합)함으로써 이중으로
되는 거예요.
이처럼 이중으로 된 DNA를
이제부터는 DNA의 「두 가닥 사슬」로
부르기로 해요.
수소 결합
수소 결합

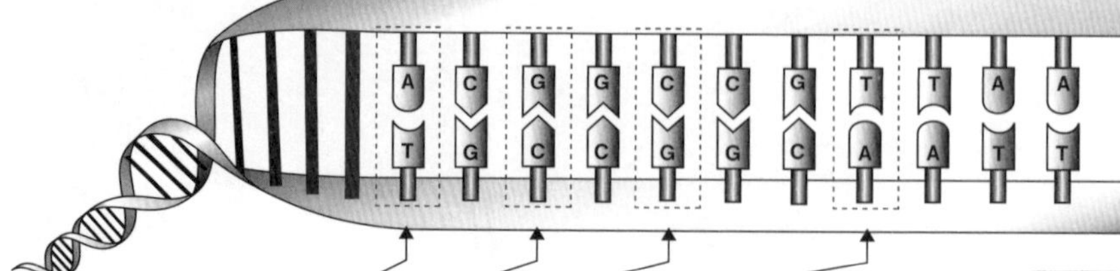

DNA는 DNA 폴리메라아제에 의해 복제된다.

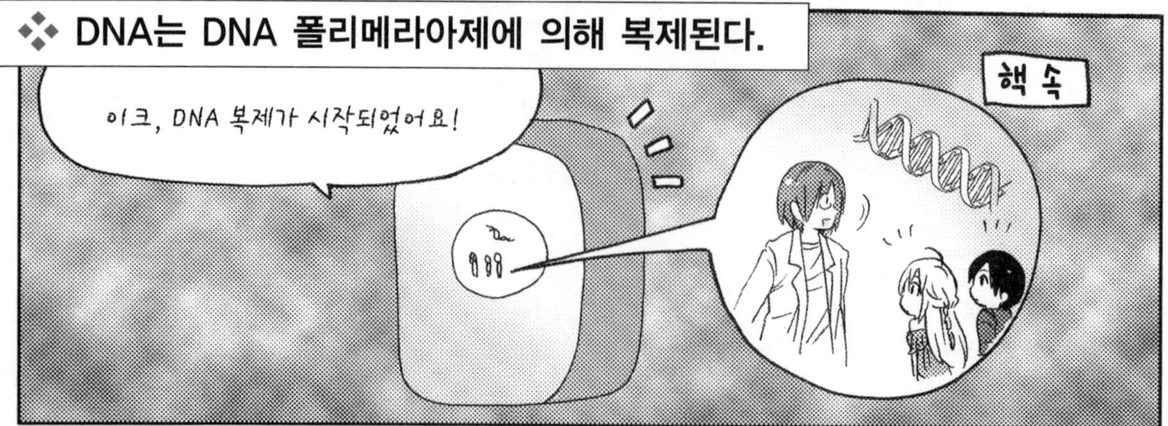

* 여기서는 설명을 간략화하기 위해 「자동적」이라고 표현했지만, 실제로는 효소가 그렇게 하고 있습니다.

복잡해서 대관절
뭐가 뭔지……
응……?
그럼 간략화한
영상으로 바꿀게요.

간단 모드로
변경!

이제부터 화려한 「복제」
과정을 보여 줄게!
자, 나는 DNA!
쾅ー
응!
어머나

야…… 얼마나
간략화한 거야!?
소곤
소곤
글쎄
내버려 둬!

자, 봐!!
먼저 복제가 시작되는
「기점」 부분의 수소
결합을 ―

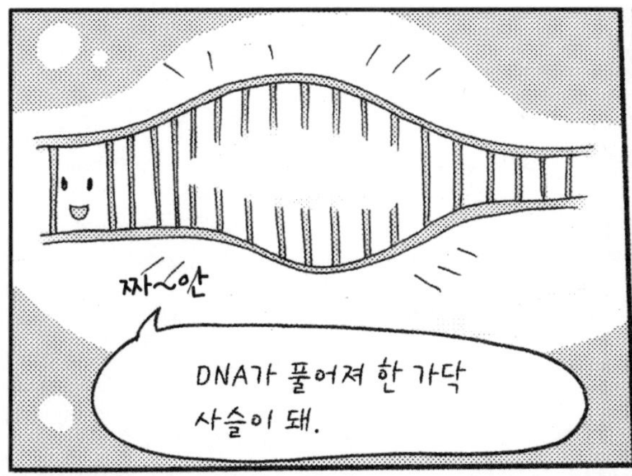
짜~안
DNA가 풀어져 한 가닥
사슬이 돼.

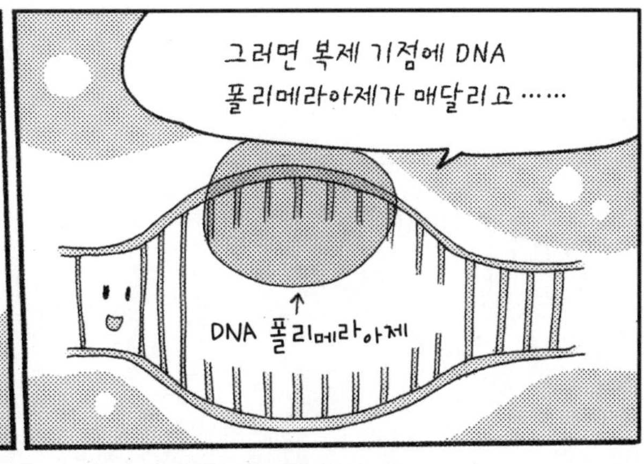
그러면 복제 기점에 DNA
폴리메라아제가 매달리고……
DNA 폴리메라아제

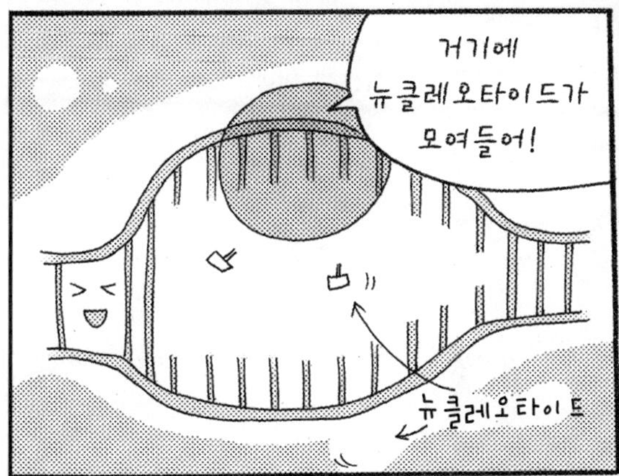
거기에
뉴클레오타이드가
모여들어!
뉴클레오타이드

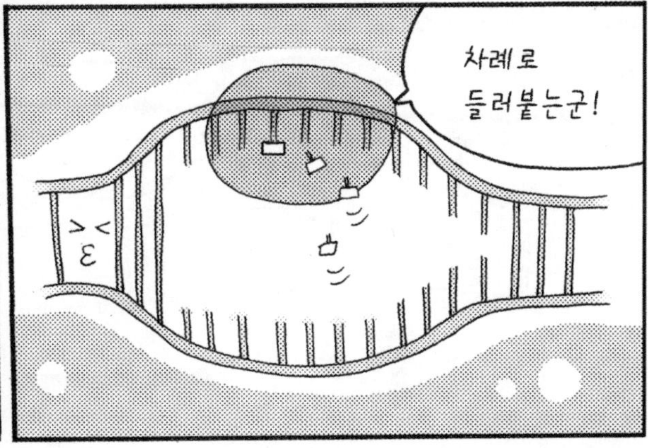
차례로
들러붙는군!

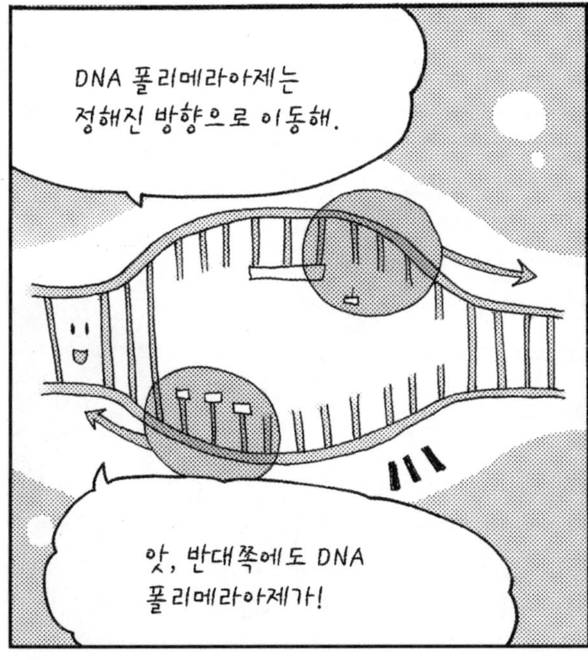
DNA 폴리메라아제는
정해진 방향으로 이동해.
앗, 반대쪽에도 DNA
폴리메라아제가!

봐, 차츰 뉴클레오타이드가
연결되어 가네!

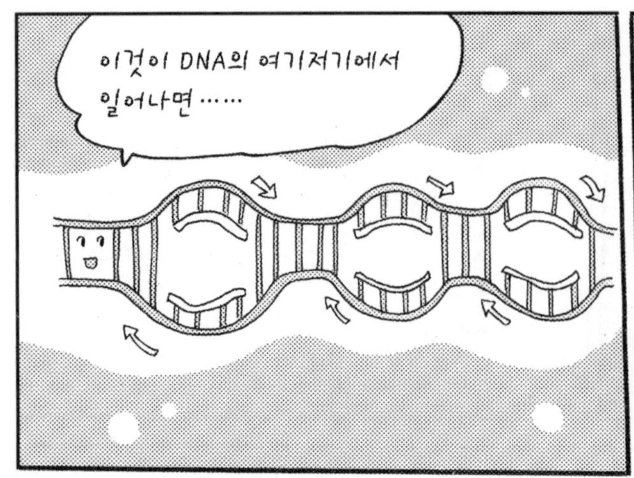
이것이 DNA의 여기저기에서
일어나면……

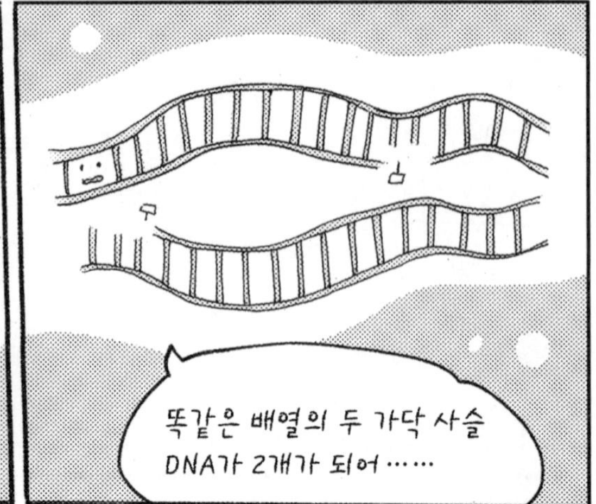
똑같은 배열의 두 가닥 사슬
DNA가 2개가 되어……

드디어
복제 완료
쾅 ―!!

오~
훌륭해
짝짝…
짝짝…
에헴!

이렇게 생긴 2개의
DNA와 두 가닥
사슬의 염기 배열은
완전히 똑같아!
그렇네 ― 아까 「한쪽의 DNA
염기 배열이 정해지면 다른 한쪽의
염기 배열도 자동적으로 정해진다」는
성질은 「복제」에 딱 어울리는구나!

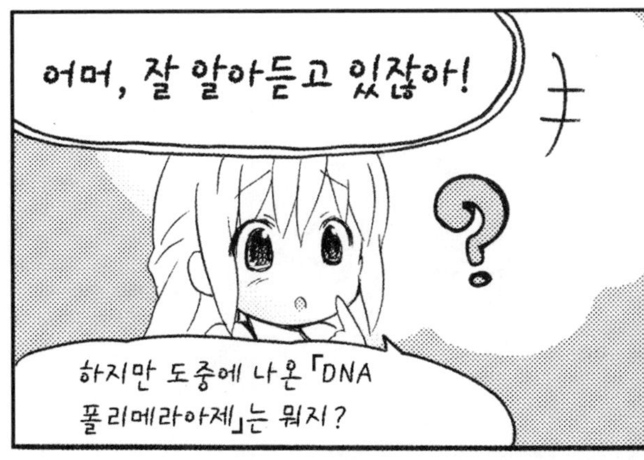
어머, 잘 알아듣고 있잖아!
하지만 도중에 나온 「DNA 폴리메라아제」는 뭐지?

그것은 내가 설명할게요.
오옷!!

간단 모드에서 본 것처럼 DNA 복제라는 것은 달리 말하자면 새로운 DNA를 합성한다는 거예요.
그 합성을 하는 것이 「DNA 폴리메라아제」라는 효소이지요.
아까는 「자동적으로」라고 했지만 엄밀하게 말하면 자동은 아닌 셈이에요.

음……뭔가 이치는 알겠지만……
그럼 더 가까이 다가가 DNA 폴리메라아제가 무엇을 하고 있는지 살펴보기로 해요!

안녕 DNA 씨!
안녕~
바이
바이

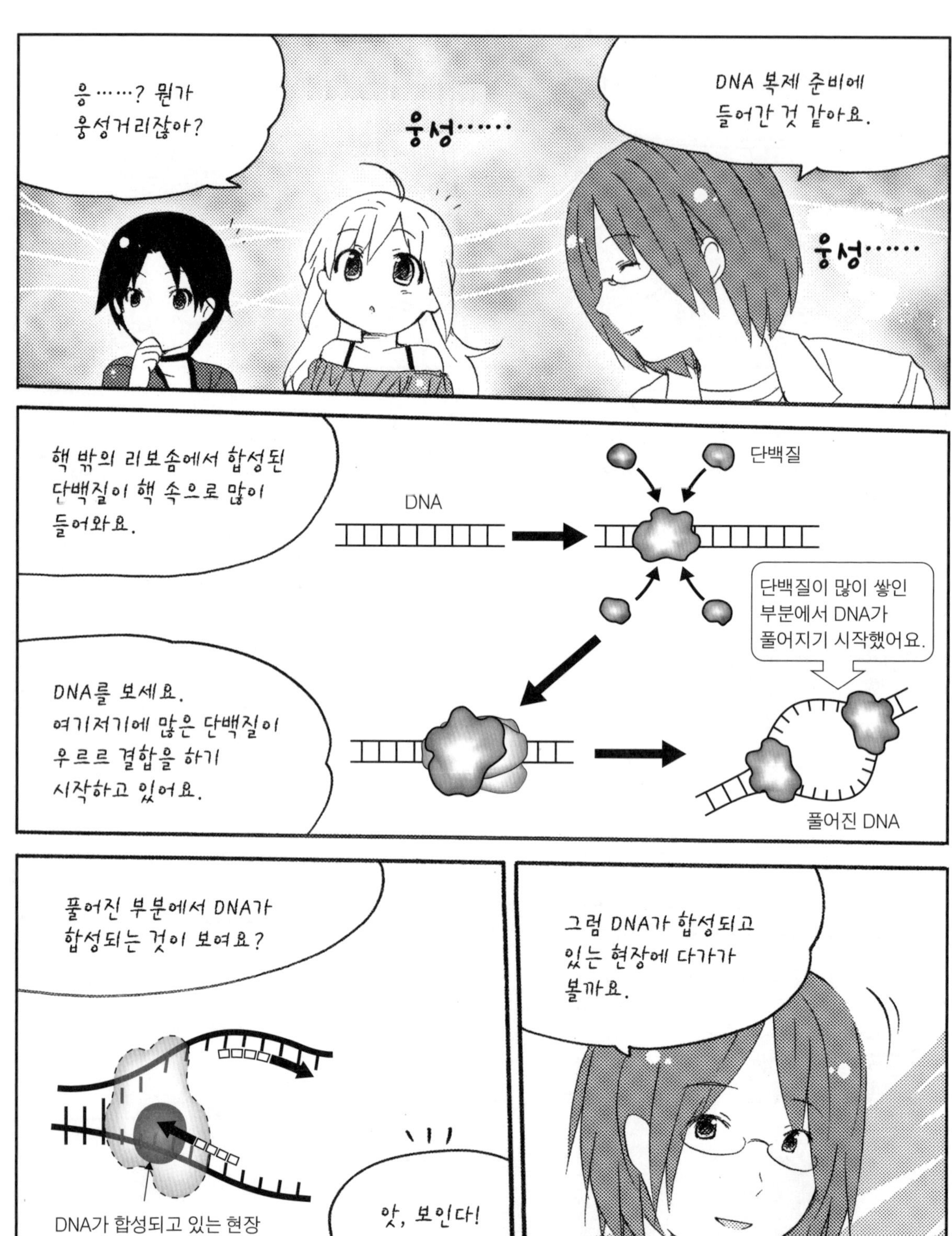
응……? 뭔가
웅성거리잖아?
웅성……
DNA 복제 준비에
들어간 것 같아요.
웅성……
핵 밖의 리보솜에서 합성된
단백질이 핵 속으로 많이
들어와요.
DNA
단백질
단백질이 많이 쌓인
부분에서 DNA가
풀어지기 시작했어요.
DNA를 보세요.
여기저기에 많은 단백질이
우르르 결합을 하기
시작하고 있어요.
풀어진 DNA
풀어진 부분에서 DNA가
합성되는 것이 보여요?
DNA가 합성되고 있는 현장
앗, 보인다!
그럼 DNA가 합성되고
있는 현장에 다가가
볼까요.

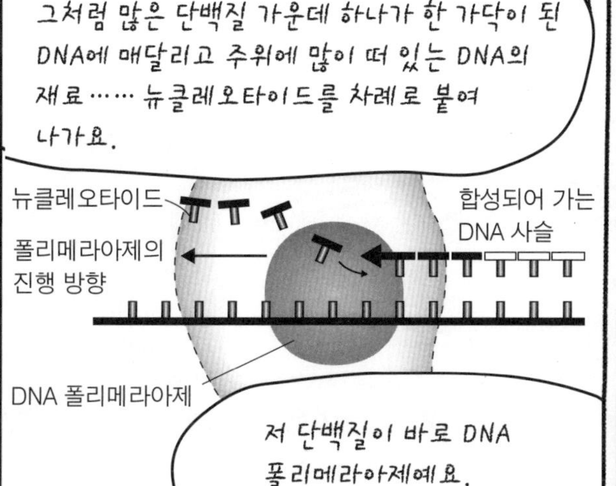

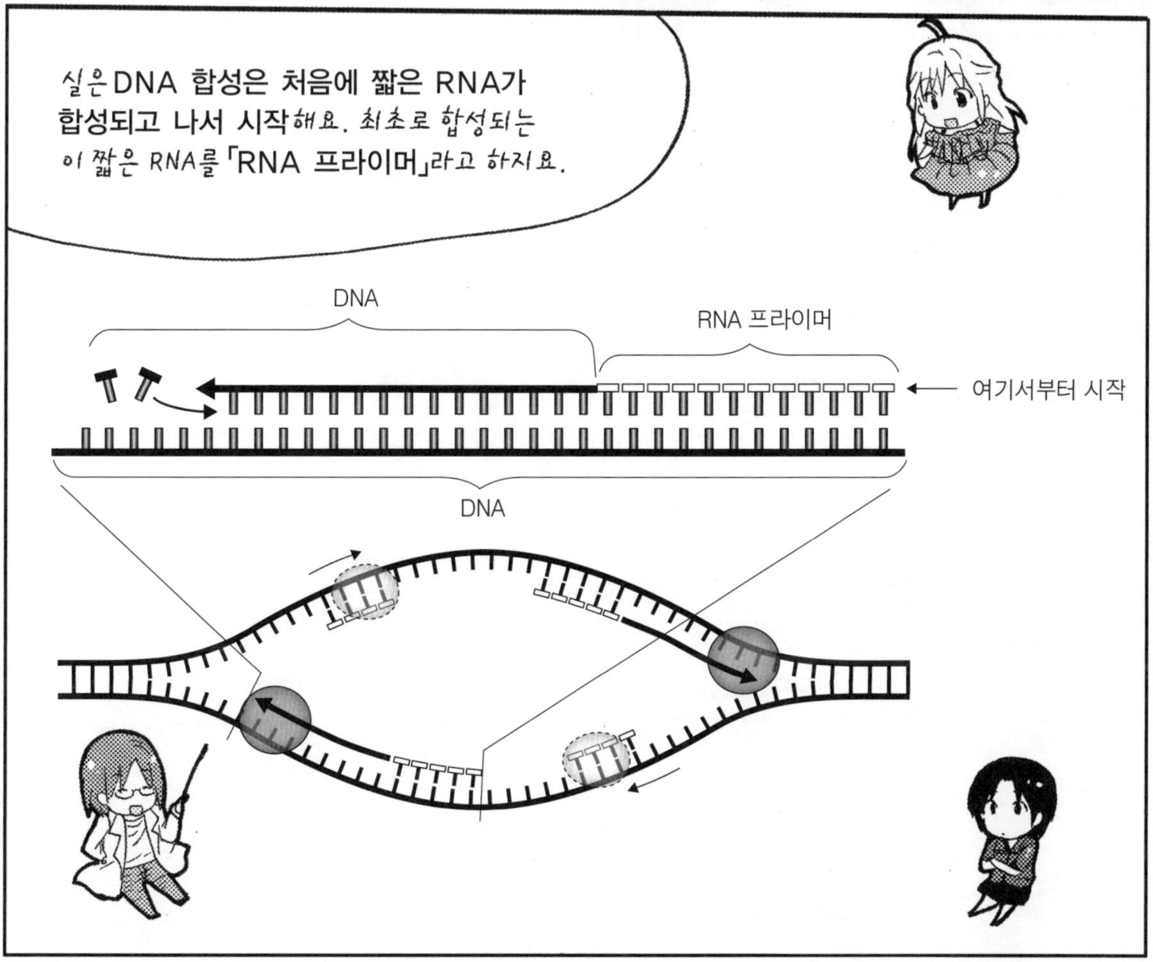

실은 DNA 합성은 처음에 짧은 RNA가 합성되고 나서 시작해요. 최초로 합성되는 이 짧은 RNA를 「RNA 프라이머」라고 하지요.

DNA

RNA 프라이머

여기서부터 시작

DNA

RNA 프라이머를 합성한 뒤
DNA 폴리메라아제는 드디어
DNA를 합성할 수 있게 돼요.
풀어져 가는 방향
DNA
DNA
DNA
DNA
DNA
DNA
DNA
복제가 시작된 곳
DNA 합성이 진행되어
간다는 것은─
그것이 DNA가 복제된다는
것이로군!
응!?
지혜야, 왜 그래?
②
①
봐!
①의 DNA 사슬에서는 두 가닥
사슬이 풀어진 곳을 뒤따르듯 차츰
복제되어 가지만 ─
②의 DNA 사슬에서는 짧은
토막이 여러 개 있고 게다가
반대 방향으로 만들어져 가는 거야!

실은 DNA의 두 가닥 사슬은 방향이 다른 2개의 DNA가 반대 방향으로 서로 끌어안듯 만들어져 가는 거예요.

3′ 말단

DNA가 합성되는 방향은 반드시 5′ → 3′

5′ 말단

5′ 말단

3′ 말단

한쪽의 끝을 「5′ 말단」*, 다른 한쪽의 끝을 「3′ 말단」이라고 해요.

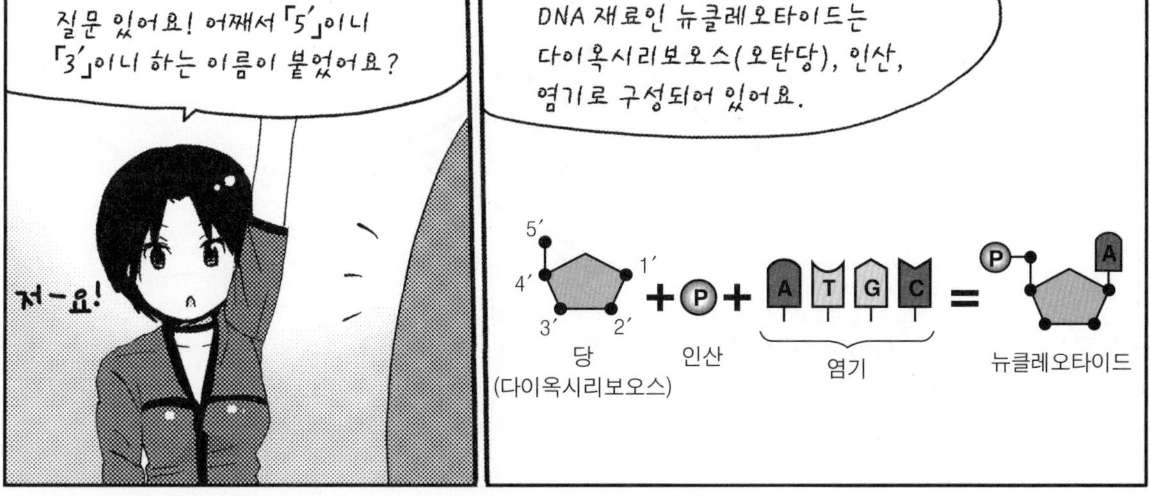

*정확하게 말하면 「′」는 「대시」가 아니라 「프라임 기호」이므로 영어로는 five prime이나 three prime이라고 합니다.

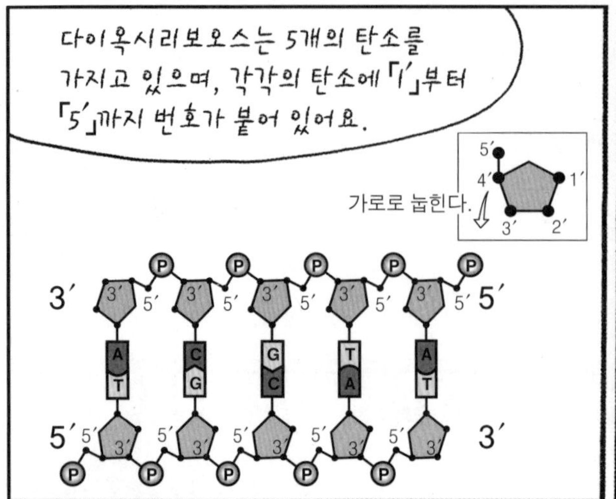

DNA를 복제하는 DNA 폴리메라아제는 5′에서 3′의 방향으로밖에 DNA를 복제해 가지 못해요.

그래서 두 가닥 사슬의 DNA가 풀어져 한 가닥씩 되면, 한쪽의 DNA 사슬에서는 두 가닥 사슬이 풀어져 감에 따라 차례대로 5′에서 3′의 방향으로 복제가 이루어져 가지만 —

3′ 5′
5′ 3′

오카자키 절편

다른 한쪽의 DNA 사슬에서는 반대 방향으로밖에 DNA가 복제되지 못하므로,

어쩔 수 없이 짧은 단편을 조금씩 합성해 맨 마지막에 한 가닥으로 연결한다는 번거로움이 불가피해진 거예요.

이 짧은 단편은 일본의 오카자키 레이지(岡崎令治) 박사가 발견했기 때문에 「오카자키 절편(okazaki fragment)'이라는 이름이 세계적으로 정착돼 있어요.

―어때요? 여기까지 알았다면 두 사람은 DNA에 대해 상당히 이해할 수 있으리라고 생각하는데요.
글쎄……상당히…… 틀림없이……
휴우~
응……잠깐, 또 질문!

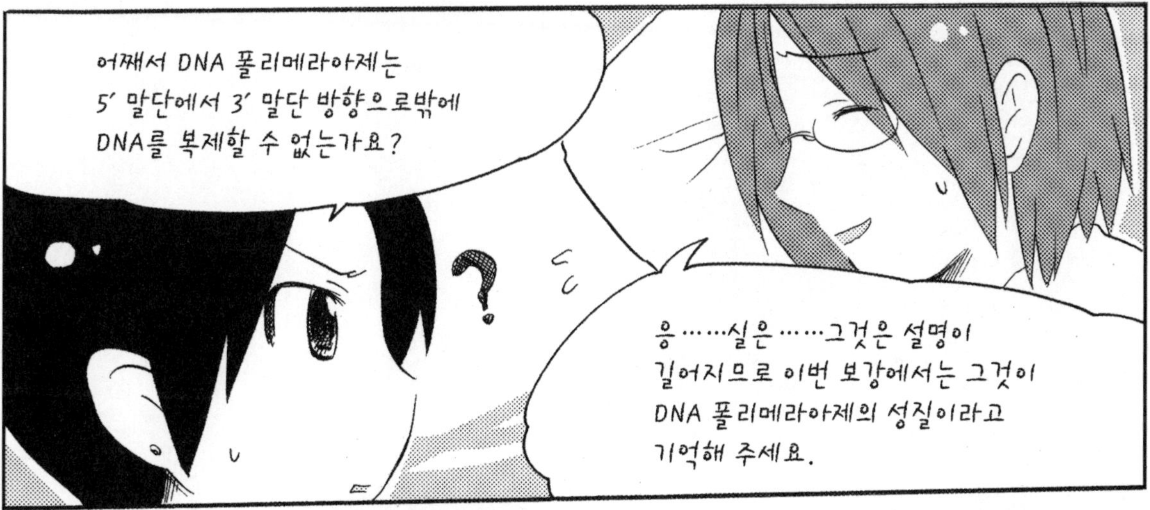
어째서 DNA 폴리메라아제는 5' 말단에서 3' 말단 방향으로밖에 DNA를 복제할 수 없는가요?
응……실은……그것은 설명이 길어지므로 이번 보강에서는 그것이 DNA 폴리메라아제의 성질이라고 기억해 주세요.

할 수 없지요. 용서할게요!
죄송해요.―
뭐라고 설명해 주더라도 이해할 자신도 없지만

앗, 보세요.! 드디어 모든 DNA가 복제되었어요.!

가늘고 긴 DNA가 어디에서도 얽히지 않고 복제되는 것이 신기하지 않아요?
그래요. …… 생명의 신비야……

그러고보니 이현명 선생님께도 생명에 대해 뭔가 얘기하셨었지.

생명……?

어떤 세포라도 수명이 있어 어느 정도 사용되면 죽어 버린다는 말씀

3 염색체란 무엇인가?

색소로 염색하면 보이기 때문에 「염색」체

세포 분열이라면 반드시 등장하는 것이 「**염색체**」입니다.

「염색체」란 무엇인가요?

「염색체」란 세포가 분열할 때 세포의 한가운데로부터 가장자리를 향해 「흐물흐물」 모여들다가, 자 분열!이라고 하면 한 번에 팍 하고 둘로 갈라지듯 늘어나는 신기한 물체입니다. 이 염색체가 유전 정보를 맡고 있습니다.

염색체는 「**히스톤**」이라는 단백질이 DNA와 무수하게 결합해 「**크로마틴**」이라는 기다란 끈 같은 구조를 이룬 것입니다. 제1장에서 배운 「구슬 구조」를 기억합니까? 히스톤 주위를 DNA가 1.7바퀴 감싸듯 만들어져 있는 구슬 구조가 염주처럼 무수히 이어지고 있습니다.

정확하게 말해 이 「구슬」 즉 「뉴클레오솜」은 H2A, H2B, H3, H4 등 4종류의 히스톤 분자가 각각 2개씩 모두 8개로 이루어지는 「히스톤 코어」에 DNA가 1.7바퀴 휘감아져 만들어집니다.

이 크로마틴으로 만들어진 염색체는 보통은 핵 속에 분산되어 있기 때문에 광학 현미경으로도 보이지 않지만, 단단히 오그라들면 약간 굵은 모양이 되므로 보이게 됩니다.

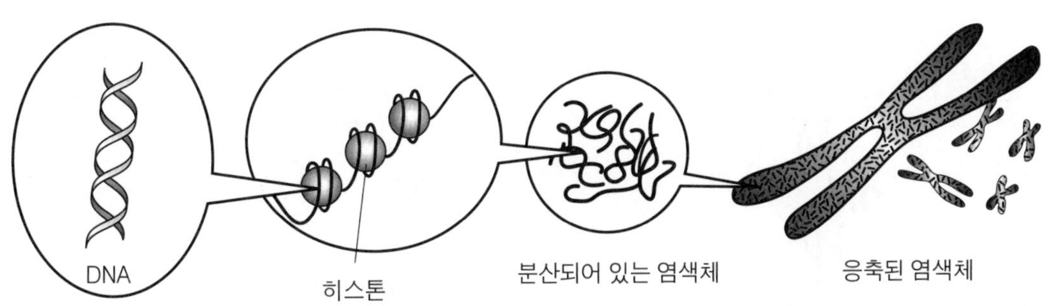

DNA와 염색체

염색체는 19세기에 발견되었으며, 염기성 색소에 쉽게 물드는 물체이기 때문에 「염색체(chromosome)」라는 이름이 붙었습니다.

❖ 사람에게는 24종류의 염색체가 있다.

인간의 경우 24종류의 염색체가 있습니다. 염색체의 종류(수)는 생물에 따라 다르지만, 고등 생물이라고 하여 염색체의 종류가 많은 것은 아닙니다.

24종류 가운데 22종류는 「상염색체」라고 하며, 거의 모든 세포에 2개씩 있습니다. 왜 2개씩인가 하면 1개는 아버지로부터 또 1개는 어머니로부터 받은 것이기 때문입니다.

상염색체는 염색체의 크기가 큰 것부터 차례로 1번에서 22번까지 번호가 붙어 있으며, 「3번 염색체」 또는 「16번 염색체」 등으로 부릅니다. 나머지 2종류는 「성염색체」라고 하며, 「X염색체」와 「Y염색체」가 있습니다.

성염색체는 그 이름과 같이 남녀가 서로 다릅니다. 다음 그림에서 보는 것처럼 남성은 그 세포에 X염색체와 Y염색체를 1개씩 가지고 있지만, 여성은 X염색체가 2개 있을 뿐 Y염색체는 가지고 있지 않습니다.

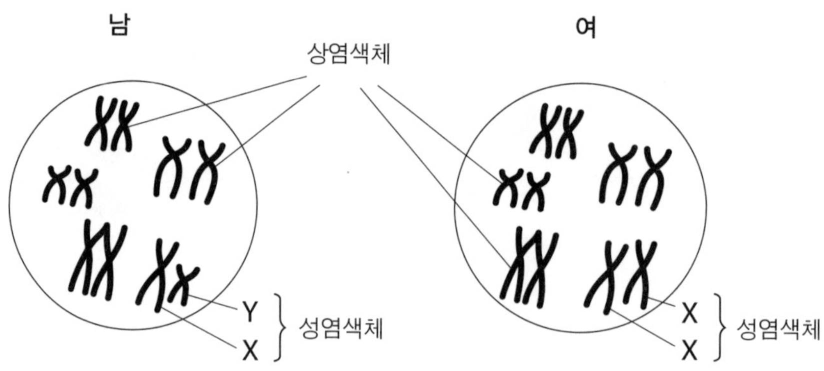

❖ 응축된 커다란 염색체는 세포가 분열할 때만 출현한다.

응축된 커다란 염색체는 「복제된」 DNA가 히스톤과 함께 단단하게, 더 이상 불가능할 정도로 매우 규칙적인 방법으로 오므라든 것이므로 세포가 분열할 때밖에 나타나지 않습니다.

매우 넓은 천을 가위로 둘로 자를 경우 그대로 가위로 자르기보다 몇 번 접은 뒤 자르는 것이 시간이 적게 걸릴 것입니다. DNA도 핵 속에 분산되어 있는 채로 하기보다 단단히 오므려져 있는 것이 세포 분열이 쉬울 것입니다.
그럼, 이제 세포가 분열하는 장면을 재현해 봅시다.

4 역동적인 세포 분열

DNA는 복제되었습니다. 자, 이제 다음 단계입니다.

DNA의 복제가 완료되면 드디어 세포는 그 전체를 둘로 나누는 「분열」의 실질적인 준비 기간에 돌입합니다. 세포 분열은 크게 「핵분열」과 「세포질 분열」이라는 두 단계로 나뉩니다.

❖ 마치 실을 마구 가르는 듯한 분열(핵분열)

핵은 DNA의 격납고입니다. 세포 분열은 먼저 이 「핵」이 둘로 분열하는 것으로부터 시작합니다. 그것이 「핵분열」입니다.

핵분열이란, 원자력 발전처럼 방사능을 많이 내는 것인가요!?

몸 속에서!? 이런!

그렇지 않습니다. 세포의 핵분열에서 방사능은 전혀 나오지 않으니 안심해도 됩니다.

그렇구나.

핵분열에서는 먼저, 복제된 DNA(염색체)가 단단히 오므라들어 굵게 응축된 X자 모양을 이루기 시작합니다. 그리고 핵의 옆구리에 조그맣게 있던 「중심체」라는 물체가 세포의 양극으로 이동하기 시작합니다.

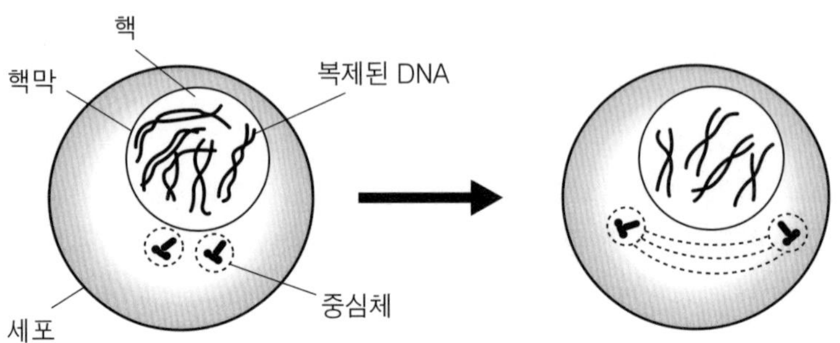

「핵분열」이라고 하지만, 이윽고 「핵」의 모양은 완전히 사라져 버립니다. 왜냐하면, 핵을 감싸고 있는 「핵막」이 가늘게 나뉘어 분산돼 버리기 때문입니다.

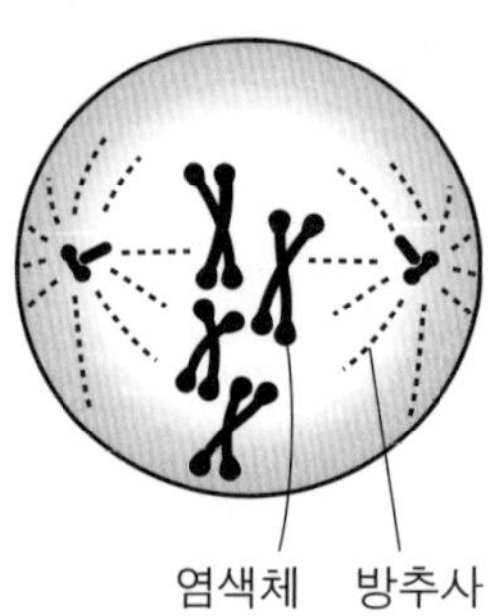

앗! 중심체의 모양이 바뀌었어요!

그렇습니다. 세포의 양극으로 나누어진 중심체로부터 「방추사」라는 실 같은 것이 퍼지기 시작합니다. 이 방추사는 「미소관」이라는 가늘고 긴 물질로 이루어져 있습니다.

핵을 감싸고 있는 막이 사라짐으로써 복제되고 오므라들기 시작한 DNA는 마치 세포질의 바다로 방출된 듯한 상태가 되어 버리는데, 이것에는 중요한 의미가 있습니다.

염색체의 응축이 완료되고 거의 완전히 굵은 모양이 완성될 무렵 양극의 중심체로부터 늘어난 실 같은 방추사가 각각 염색체의 중앙 부근에까지 도달해 거기에 달라붙습니다. 즉, 핵막이 있으면 방해가 되는 것입니다.

핵막이 소실되는 이유는 그 이외에도 있습니다. DNA가 왜 한 번밖에 복제되지 않느냐 하는 것과 깊은 관계가 있습니다.

왜 방추사가 염색체에 달라붙는지 알고 있습니까? 그것이야말로 세포 분열에 가장 중요한 현상이기 때문입니다.

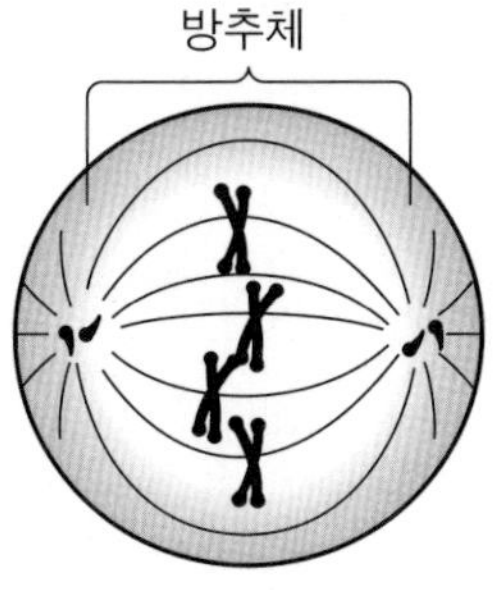

이 무렵, 염색체는 세포의 거의 중앙에 마치 한 줄로 늘어선 것처럼 모여 있습니다. 가로로 한 줄로 모인 이 염색체를 목표로 하여 양극으로부터 여러 가닥의 실(방추사)이 달라붙어, 마치 그 전체가 가늘고 긴 참외 같은 특징적인 모양을 만듭니다. 이것을 「방추체」라고 합니다.

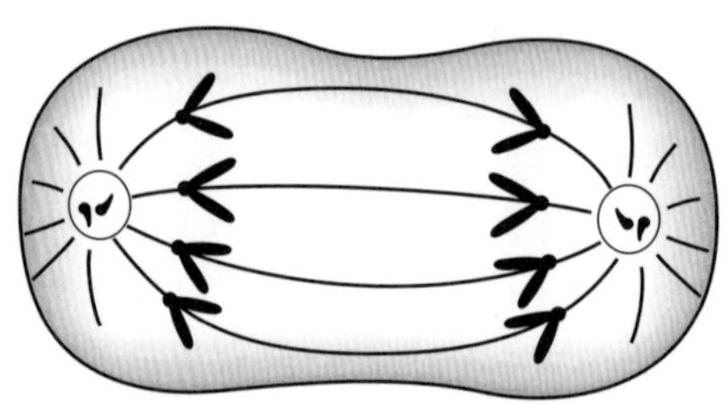

염색체에 달라붙은 방추사는 염색체를 세포의 양쪽 끝으로 끌어당기는 작용을 하므로 중앙에 늘어선 염색체는 이윽고 세포의 양쪽 끝으로 끌려갑니다.

양쪽 끝으로 끌려간 염색체는 이윽고 다시 원래의 상태로 돌아가기 위해 차츰 분산하기 시작하며, 이윽고 그 모양도 현미경으로 볼 수 없게 되어 버립니다. 그리고 세포질에 분산되어 있던 핵막이 다시 만들어지기 시작하고, 이윽고 각각의 극에서 「핵」의 모양이 출현합니다.

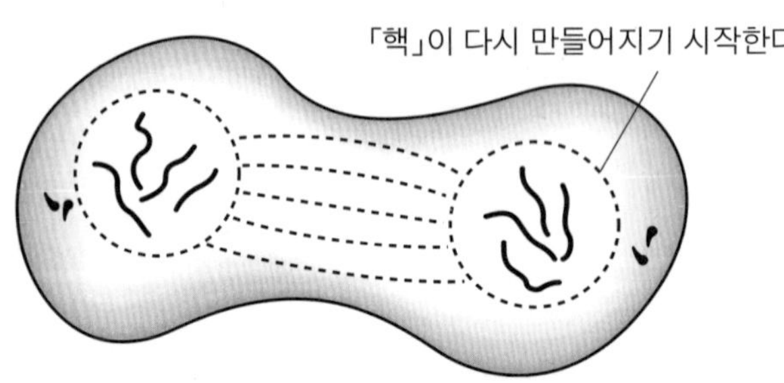

이처럼 핵분열은 핵이라기보다 오히려 그 속의 염색체, 말하자면 「DNA 실」이 마구 갈라지듯 분열한다고 하는 것이 타당할 것입니다. 그리고 그 도중에는 방추사가 나타납니다. 이런 특징이 있기 때문에 이 단계를 유사 분열이라고 하기도 합니다.

❖ 세포가 잘록해져 완전히 둘로 나뉜다(세포질 분열).

식물과 동물 사이에 분열 방법은 같은가요?

핵분열은 거의 같다고 생각해도 좋을 것입니다. 그러나 그 다음의 세포질 분열에서는 세포 전체가 둘로 나뉘기 시작하지만, 그 나뉘는 방법은 동물의 세포와 식물의 세포가 크게 다릅니다.

동물의 세포에서는 세포의 한가운데 부분이 잘록해지고 그것이 점점 진행되어 마침내 떡이 둘로 잘라지듯 세포가 둘로 나뉩니다.

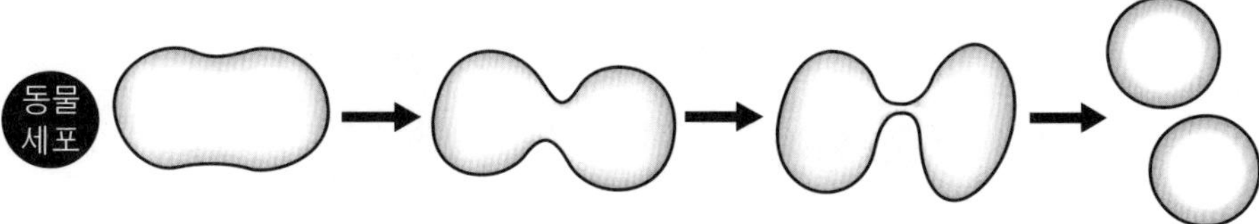

그렇지만 식물 세포는 세포벽이라는 단단한 물질이 그 주위를 뒤덮고 있기 때문에 그런 역동적인 일은 일어날 수 없습니다. 식물의 세포는 세포의 한가운데에 안쪽으로부터 세포판이라는 벽이 출현해 점점 커지다가 마침내 세포를 둘로 크게 나누는 식으로 분열하는 것입니다.

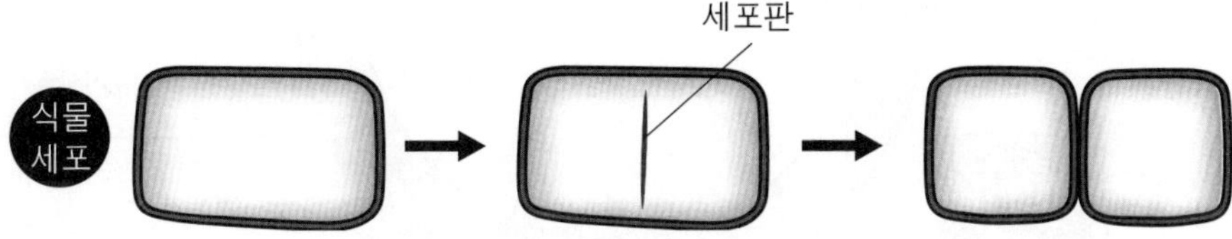

이리하여 세포는 깔끔하게 분열을 끝냈으며, DNA도 무사히 두 세포에 인계되었습니다.

5 세포 주기란 무엇인가?

세포 가운데는 몇 번씩 분열을 계속하는 것과 그렇지 않는 것이 있습니다. 이 장의 맨 앞에서 본 피부 속 깊은 곳에 있는 기저세포(p.107 참조)는 몇 번이라도 분열을 계속할 수 있는 세포 중 하나입니다. 물론 기저세포에도 수명이라는 것이 있고, 생의 최후에 이르면 노화하여 분열을 하지 않게 되리라고 생각됩니다.

이 장에서 공부해 온 것처럼 세포 분열은 DNA가 복제되고, 염색체가 응축하여 굵어지며, 핵막이 사라지고, 방추체가 생기며, 세포 전체가 분열한다……는 식으로 정해진 단계를 밟아 이루어집니다.

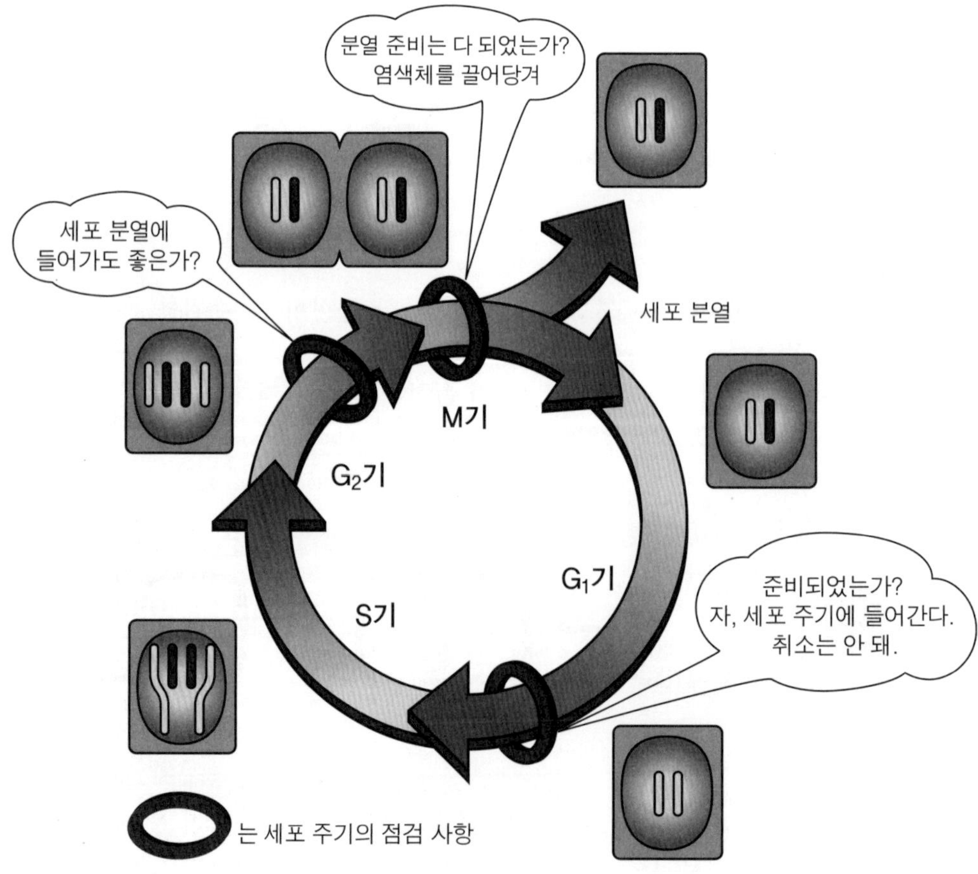

여러 차례 분열하는 세포의 경우에는 이 단계를 몇 번이나 되풀이하여 일어나게 됩니다. 이 일련의 단계, 즉 세포가 1회 분열하는 “사이클”을 「**세포 주기**」라고 합니다. 세포 주기는 다음과 같이 네 단계(G_1기, S기, G_2기, M기)로 나뉩니다.

- **G_1기** : DNA 복제를 준비하는 시기

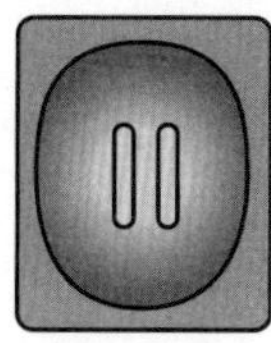

- **S기** : DNA 복제가 이루어지는 시기이며, 복제라는 것은 DNA가 새로 합성된다는 뜻이므로, 그 「합성」이라는 뜻의 영어 synthesis의 머리글자를 따서 S기라고 부릅니다.

- **G_2기** : 분열을 준비하는 시기

- **M기** : 핵분열과 세포질 분열, 즉 세포 분열이 이루어지는 시기이며, 「세포 분열」이라는 뜻의 영어 mitosis의 머리글자를 따서 M기라고 합니다.

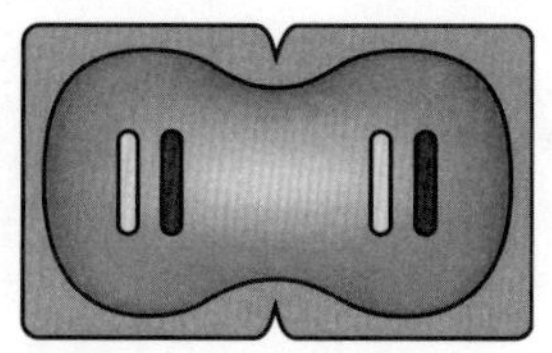

← 분열한다. →

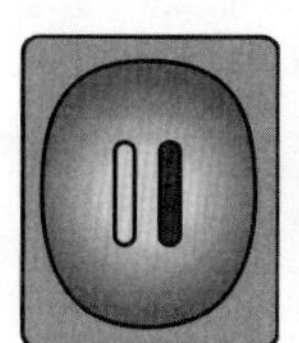

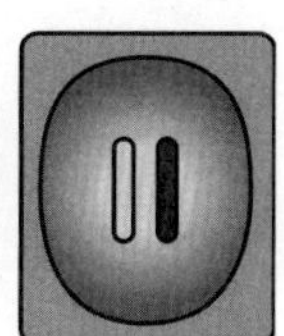

G_1기와 G_2기는 각각 M기와 S기의 사이 또는 S기와 M기 사이에 있다는 뜻이며, 사이를 뜻하는 영어 gap의 머리글자를 따서 「G」, 각각을 구별하기 위해 숫자를 붙여 G_1기와 G_2기로 부릅니다.

6 암은 어째서 생기는 것일까?

암세포는 원래 우리 몸속에서 정상적으로 작용하고 있던 세포가 어느 날 갑자기 미친 것처럼 되어 주위와 상관하지 않고 쑥쑥 증식해 버린 세포입니다. 암세포가 쑥쑥 증식하여 육안으로도 볼 수 있을 정도까지 커진 것이 「암」입니다.

정상인 세포가 암세포가 되어 버리는 이유는 여러 가지지만, 공통적으로 말할 수 있는 것은 어떤 유전자가 비정상이 되어 버림으로써 빠르게 분열하여 증식하게 된다는 것입니다.

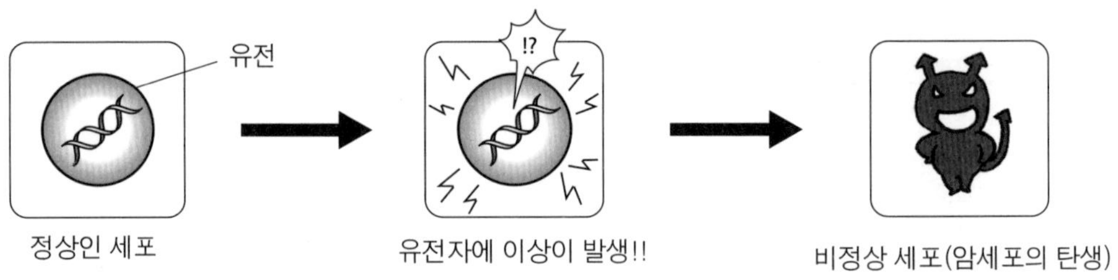

예컨대, 정상인 세포의 경우에는 암세포가 쉽게 분열되지 않도록 브레이크(암억제 유전자)가 작용하고 있지만, 어떤 암세포의 경우에는 그 브레이크 역할을 하는 단백질로 된 유전자가 비정상이 되어 버립니다. 그러면 브레이크가 걸리지 않아 빠르게 세포 분열을 일으키게 된다고 알려져 있습니다.

그리고 어떤 암세포의 경우에는 분열을 가속시키는 역할을 하는 단백질로 된 유전자가 이상을 일으켜 강력한 가속기처럼 되어 버리는 바람에, 브레이크가 아무리 노력을 하더라도 이겨 내지 못하는 상태가 되는 것으로 알려져 있습니다.

그런 다음에는 세포 분열을 되풀이하여 「암」이 되고 조직이나 장기의 정상적인 작용을 방해합니다.

다세포 생물은 세포들이 만들어 놓은 하나의 사회, 하나의 나라와 같은 것입니다. 그러므로 세포들은 사회 또는 나라의 질서를 혼란시켜서는 안됩니다. 필요에 따라 분열하고 필요하지 않을 때는 분열하지 않으면서 각자에게 부여된 일을 하고 있습니다.

따라서 정상인 세포는 무턱대고 분열하지 않도록 제어되고 있습니다. 그리고 그것이 제대로 이루어지느냐 하는 것은 세포 분열의 주기, 즉 바로 앞에서 공부한 세포 주기를 정확히 제어할 수 있느냐에 달려 있습니다. 그 제어가 제대로 이루어지지 못할 때 암세포가 발생합니다.

제 4 장

단백질은 어떻게 만들어질까?

1 유전자는 얼마든지 전사된다

❖ 단백질은 어떻게 생기는 걸까?

이현명 선생님께서
정말 계신 것일까?
뭐……뭐라고?
무슨 말이야!?

삐
리
리―잉

무슨 소리지?
텔레비전……?

뿌 직
그럼……

이현명 선생님께서
계시지 않는다고?
응……

내 생각으로는……
어쩌면 이현명 선생님께서
벌써 이 세상에……
호호호
그럴 리 없어!
그렇지만……
그렇다면 선생님이 가상
영상으로만 나타나시는
것도 납득이 되지 않아!
두근
음……
확실히 그렇긴 해.

조 용……
……
……

바보! 뭐가 「확실히 그렇긴 해」 야!
퍽!!
우왓!?

이현명 선생님!
흠
연구로 바쁠 뿐이야!
그런 와중에도 얼굴을
내보이는 걸세!
어쩐지……
그렇지만 화상
전화라면 그렇다고
말해 주셔야죠!

옷을 갈아입는 도중에
전화를 받게 될지도
모르잖아요!
으익……

푸 직

조요—ㅇ

그걸 노렸어!!
호호……

연희가 진지한 표정으로 「선생님은 벌써 이 세상에……」라고 하기에 깜짝 놀랐어요.
그래요……간밤에 그런 일이 있었어요?
그처럼 얄미운 선생님께서 그리 간단히 돌아가실리가 없지요.
하하……그래요.

하지만 질병이나
사고는 사람을
가리지 않아요.
아직 치료가 어려운
난치병도 많고요.

예컨대 우리의 생명을
위협하는 병에는
「암」이 있어요.

발암 물질이 DNA에
달라붙거나 자외선 등으로
DNA에 상처가 생기면—
설계도
그 DNA를 복제할 때
DNA 폴리메라아제가
정확하게 복제할 수 없는
경우가 있지요.

그런 일이 유전자의 중요한
부분에서 일어나 버리면
정상이 아닌 유전자가 생기고
암 등의 병이 되어요.
어째서 유전자가
비정상이 되면
병이 되는 거예요?

그것은 유전자가 비정상이
됨으로써 거기서 생긴
단백질의 모양이나 성질이
비정상이 되어 버리거나—
반드시 생겨야 할
단백질이 생기지 않게
되기 때문이지요.

유전자는 단백질의
설계도인걸 뭐.
헤모글로빈도 단 한 군데만
비정상이 되더라도 병이
된다고 했어……
그런데……설계도를
보고 단백질을 조립하는
것은 누구야?
그것을 지금부터
공부하기로 해요.

❖ 전사란 무엇일까?

단백질이 생성되기까지의
과정은 이렇게 되어 있어요.
유전 정보의 흐름
복제
DNA
전사
RNA
번역
단백질

유전 정보는 DNA가 복제됨으로써
다음 세대의 세포 또는 개체로
이어져 나가요.
그 유전 정보는 각각의 세포에서
DNA로부터 RNA로 전사되고,
그 RNA를 바탕으로 단백질이
만들어지고 있어요.

DNA는 단백질을 만들기 위한 설계도, RNA는 명령서라고 했어요.
전사
설계도 (DNA)
명령서 (RNA)
이 설계도로부터 명령서를 만드는 과정을 「전사」라고 해요.
어제는 복제에 대해 배웠으므로 다음은 「전사」에 대해 자세히 살펴보기로 해요.
전사라면 티셔츠에 다리미로 프린트하는 거잖아—
그래요……하지만 여기서 말하는 전사는 조금 달라요.
RNA 그 자체가 DNA의 염기 배열을 틀로 하여 찍어 내듯 합성되는 거예요.
거푸집으로 사용되지 않는 DNA
T A G C G C
A T C G C G
DNA의 두 가닥 사슬
T A G C G C
A T C G C G
두 가닥 사슬이 풀어져 한 가닥 사슬로 찍어 내듯 합성되는 RNA
A G C
G C
A T C G C G
거푸집이 된 DNA

……??
휴~
그럼 이것으로 설명할게요.
효소맨 인형!?

인형을 대량 생산할 때는
우선 「원형」을 제작하고 —
오……
인형의 원형

틀에 인형을
넣는다.
뚜껑
다음으로
거푸집을
만들어요.
뚜껑을 닫는다.

거푸집의 재료를
흘려 넣고 굳혀요.
재료
뚜껑

뚜껑을 열고 원형인
인형을 꺼내면—
거푸집이
완성되었어요!
거푸집

뚜껑을 닫고 인형의
재료를 흘려 넣으면—
뚜껑

원형 인형과
똑같은 것을—
얼마든지 만들어
낼 수 있지요.
원형 인형
복제 인형

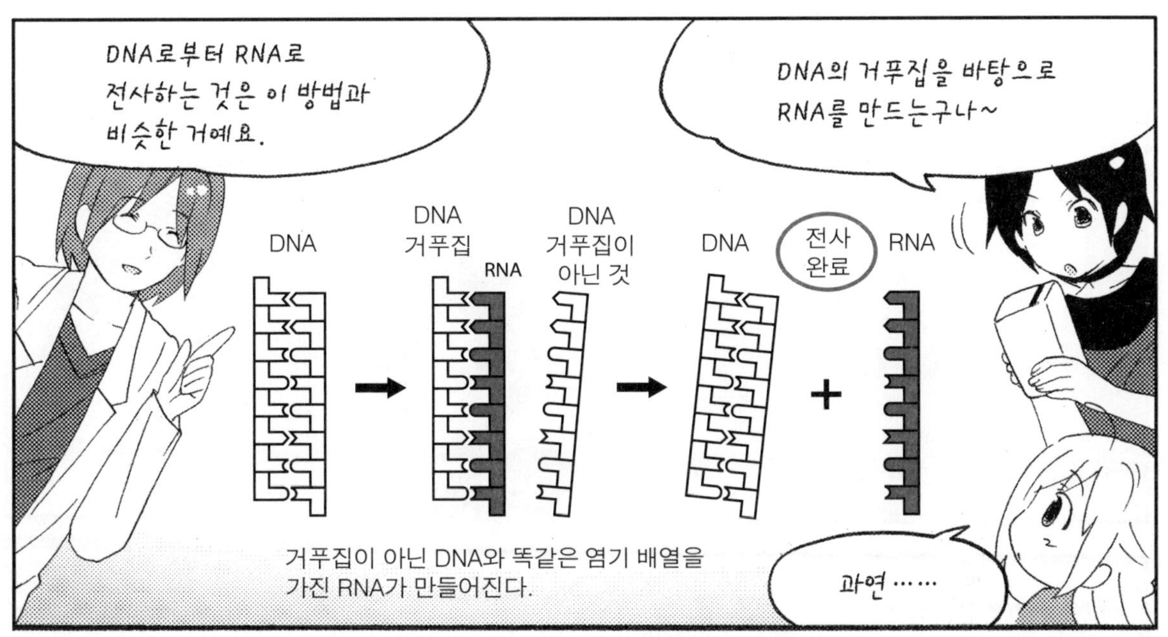
DNA로부터 RNA로
전사하는 것은 이 방법과
비슷한 거예요.
DNA의 거푸집을 바탕으로
RNA를 만드는구나~
DNA
DNA
거푸집
RNA
DNA
거푸집이
아닌 것
DNA
전사
완료
RNA
거푸집이 아닌 DNA와 똑같은 염기 배열을
가진 RNA가 만들어진다.
과연……

이것이「유전 정보의 전사」예요.
제1장에서도「전사」라는 말이
나왔지요.
유전자는 RNA에
전사됨으로써 비로소
단백질이 만들어지는
공정에 들어가는 거예요.

전사되는 유전자는 실은 세포의
종류에 따라 바뀌어요.
「어느 세포에서든지 똑같이
전사되는 유전자」도 있지만―
「신경세포가 아니면
전사되지 않는 유전자」나
「간세포가 아니면 전사되지
않는 유전자」도 있어요.

그럼「어느 세포라도 전혀 전사되지 않는 유전자」같은 것도 있을지 모르겠네.
!
어때요, 미남 씨?
야…… 날카롭군요.

대단해, 연희! 아주 운이 좋았어!
실은 우리의 DNA에는 전혀 전사되지 않는 유전자가 많이 잠자고 있음이 알려져 있어요.
씨이―
운이 아니거든! 갑자기 머리에 떠올랐던 거야!

체―
그래그래
그런 것을「위유전자(僞遺傳子, pseudogene)」라고 하며, 진화 과정에서 유전자로 작용하지 않게 되어 버린 것으로 생각되고 있어요.

말하자면 「유전자의 잔해」라 할까, 「유전자의 화석」일지도 몰라요.
유전자의 화석…… 왠지 신비한 느낌이야.
유전자로서 작용하지 않을 「위유전자」가 어딘가 비밀 장소에서 전사되거나 작용한다면 재미있겠어……
살금 살금

분자생물학을 배우기 시작한 지 아직 얼마되지 않은 사람이―
우연이라고 해도 위유전자의 존재까지 생각이 미치다니……!!

혼란시킬까 봐 굳이 이야기하지 않았지만―

실은 위유전자 가운데는 전사되거나, 나아가 유전자로서 작용하는 것도 있다는 데까지는 생각이 미치고 있지 않습니다.

2 크로마틴과 전사의 메커니즘

❖ 전화 코드를 잡아당겨 보자.

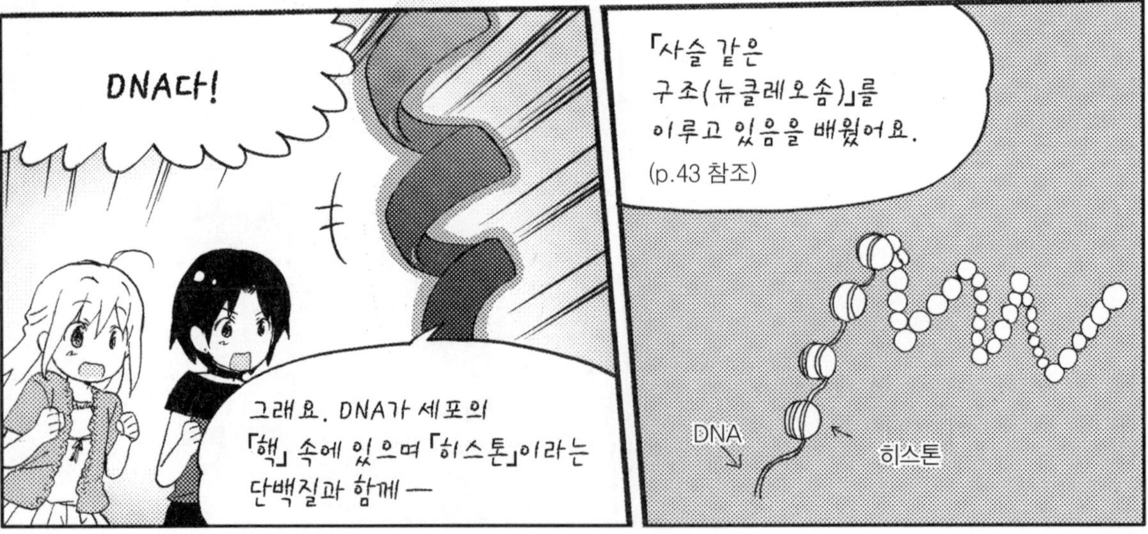

이것이 염주처럼 많이 연결되어 「크로마틴」이라는 구조가 만들어져요.

염주

이 크로마틴에는 그 종류에 따라 대략 두 가지 모양을 한 부분이 있어요.

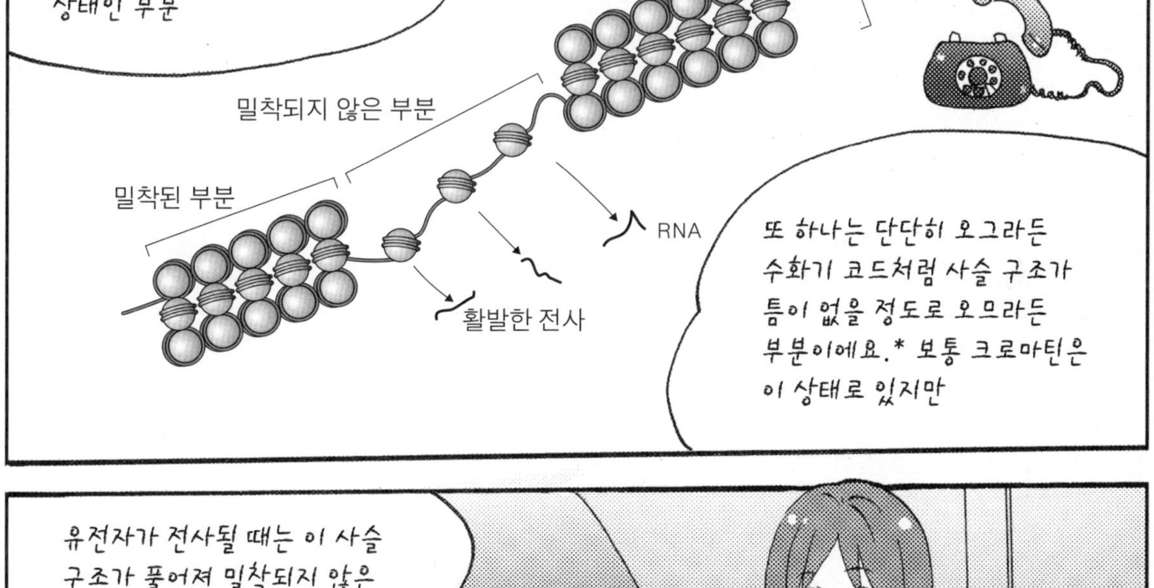

* 크로마틴에는 보통 전사가 거의 이루어지지 않는 커다란 영역도 있으며, 이것은 더욱 빽빽하게 응축된 상태로 존재합니다. 이것을 「헤테로크로마틴(heterochromatin)」이라고 합니다.

mRNA는 DNA 두 가닥 사슬 가운데 한쪽 DNA 사슬을 거푸집으로 하여 합성된다.

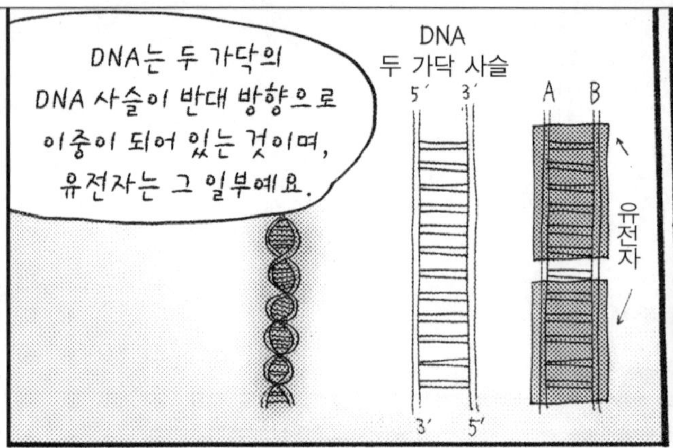

유전자……
즉, 단백질의 설계도는 유전자로서 의미가 있는 염기 배열을 지닌 DNA 사슬과

그것에 대해 상보적인 염기 배열을 가진 DNA 사슬이 이중으로 존재하고 있어요.

두 가닥의 DNA 사슬을 A, B라 하면, 어느 유전자는 A 쪽에 의미가 있지만 어느 유전자는 B 쪽에 의미가 있다……는 식으로 뿔뿔이 흩어져 존재하지요.

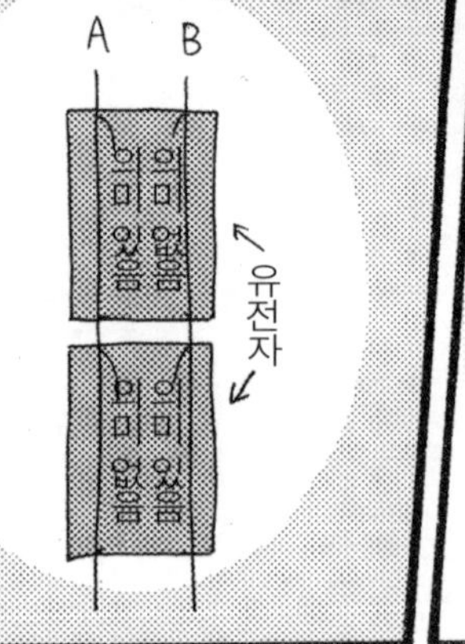

RNA로 유전 정보를 전사하는 것은 유전자로서 의미가 없는 쪽……즉 「상보적인 DNA 사슬」을 거푸집으로 하여 일어납니다.
(아래 그림의 ① 부분)

유전자의 DNA 두 가닥 사슬 가운데 의미가 있는 쪽 DNA 사슬을 **「센스 사슬**(sense strand)」이라 하고—

유전자

상보적인 사슬

유전자로서 의미가 있는 부분

① 상보적인 사슬을 거푸집으로 하여

② RNA가 합성된다.

이 두 가닥의 사슬은 같은 염기 배열이 된다.

RNA 합성의 거푸집이 되는 쪽의 DNA 사슬을 **「안티센스 사슬**(antisense strand)」이라고 해요. 생긴 RNA의 염기 배열은 유전자로서 의미가 있는 염기 배열,

즉 센스 사슬의 염기 배열과 같아지는 셈이에요.

즉, 합성된 RNA는 유전자로서 의미가 있는 "복제"

A C G G C C G T T A A

제3장에서 이야기한 것처럼, 예를 들어 센스 사슬의 염기 배열이 「ACGGCCGTTAA」라고 하면―

안티센스 사슬은 자동적으로 「TGCCGGCAATT」가 돼요.

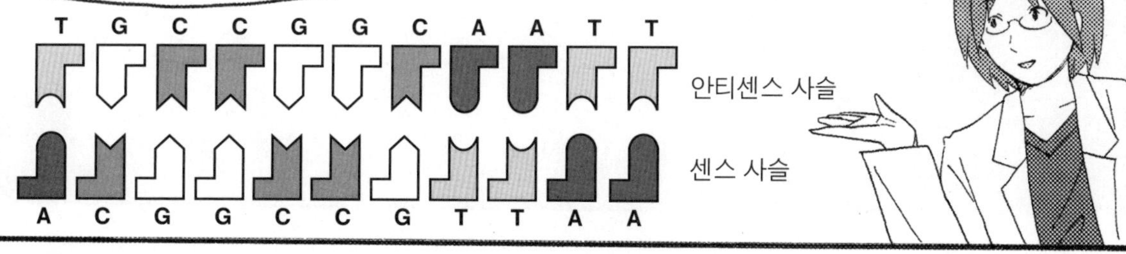

이 「TGCCGGCAATT」를 거푸집으로 하여 센스 사슬과 같은 염기 배열 「ACGGCCGUUAA」를 가진 RNA가 만들어지는 셈이에요.

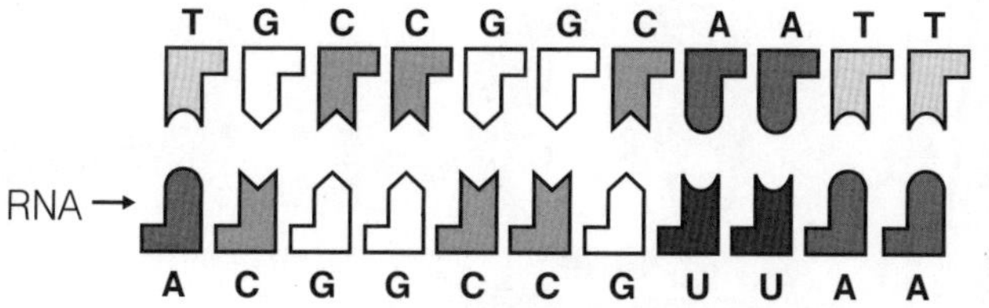

＊ 인형의 예로 설명한 「거푸집이 되지 않은 DNA」 즉 인형 원형이 센스 사슬입니다.

유전 정보를 찍어 내는 것은 RNA 폴리메라아제

쓱
쓱
어라, 연희,
수영 잘하네.

헤헤헤
쾅
아얏
이크, 미안해요.

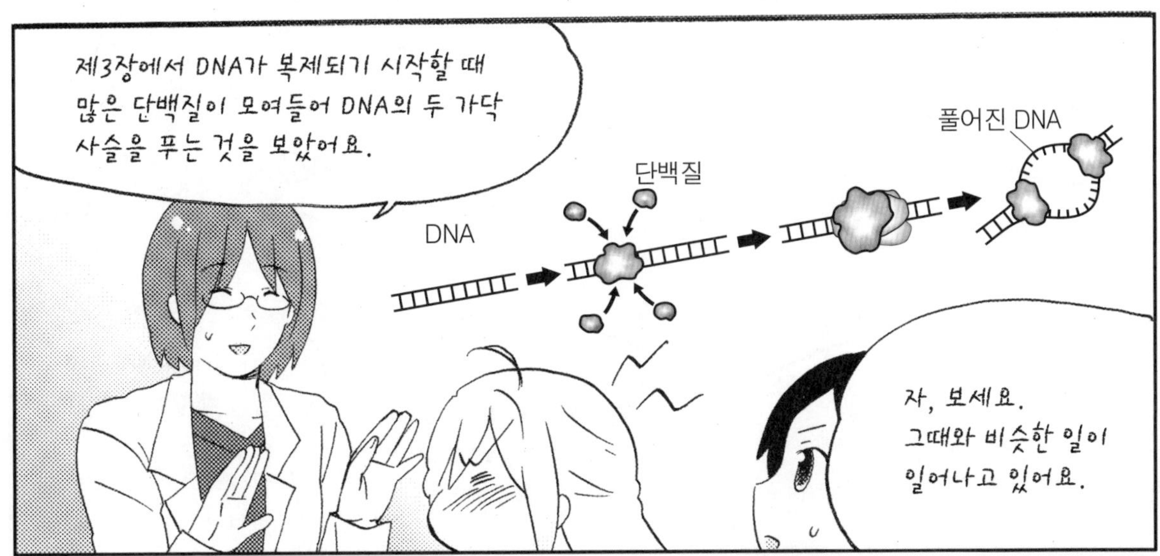
제3장에서 DNA가 복제되기 시작할 때
많은 단백질이 모여들어 DNA의 두 가닥
사슬을 푸는 것을 보았어요.
DNA
단백질
풀어진 DNA
자, 보세요.
그때와 비슷한 일이
일어나고 있어요.

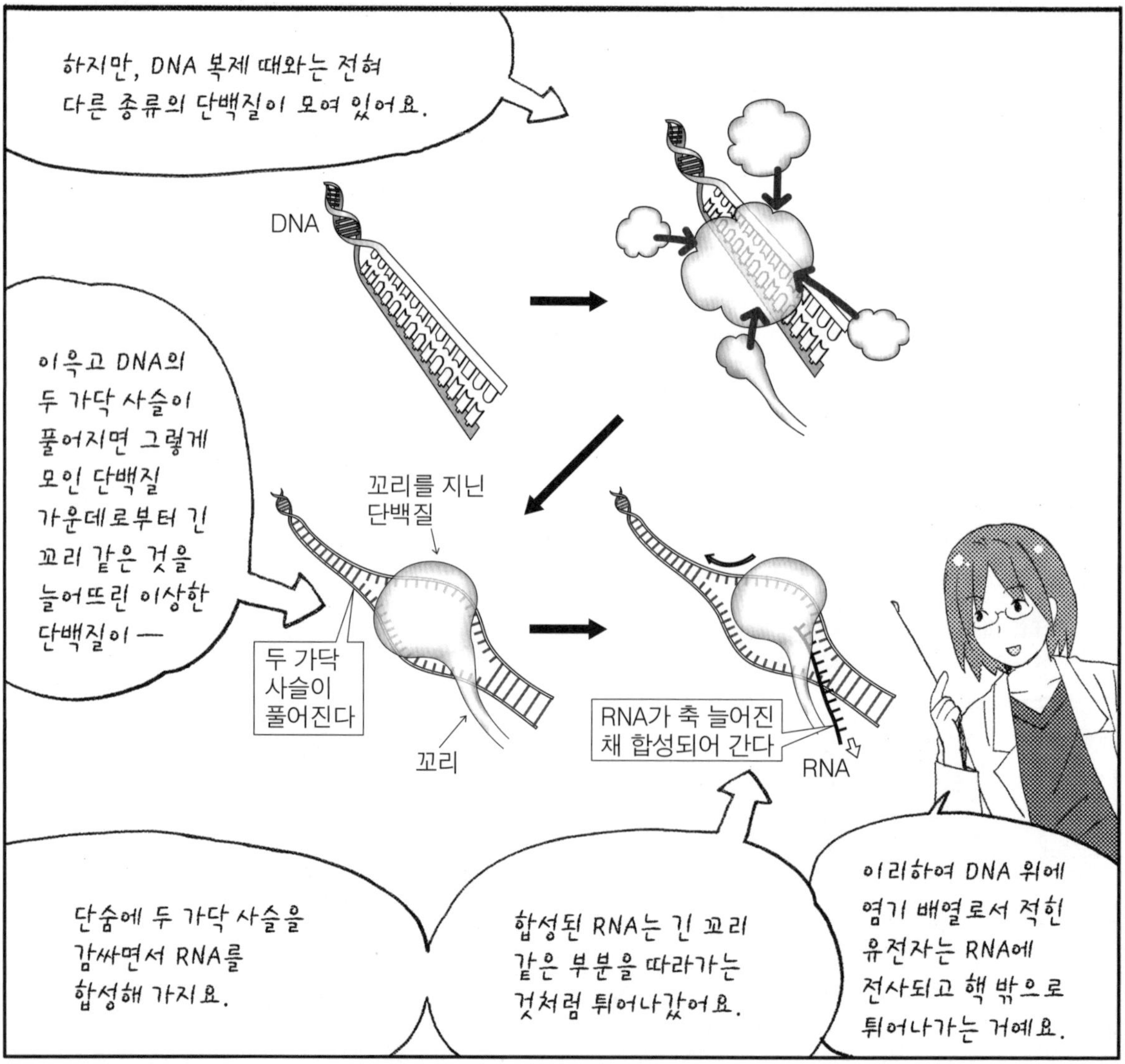

하지만, DNA 복제 때와는 전혀
다른 종류의 단백질이 모여 있어요.

DNA

이윽고 DNA의
두 가닥 사슬이
풀어지면 그렇게
모인 단백질
가운데로부터 긴
꼬리 같은 것을
늘어뜨린 이상한
단백질이 —

꼬리를 지닌
단백질

두 가닥
사슬이
풀어진다

꼬리

RNA가 축 늘어진
채 합성되어 간다

RNA

단숨에 두 가닥 사슬을
감싸면서 RNA를
합성해 가지요.

합성된 RNA는 긴 꼬리
같은 부분을 따라가는
것처럼 튀어나갔어요.

이리하여 DNA 위에
염기 배열로서 적힌
유전자는 RNA에
전사되고 핵 밖으로
튀어나가는 거예요.

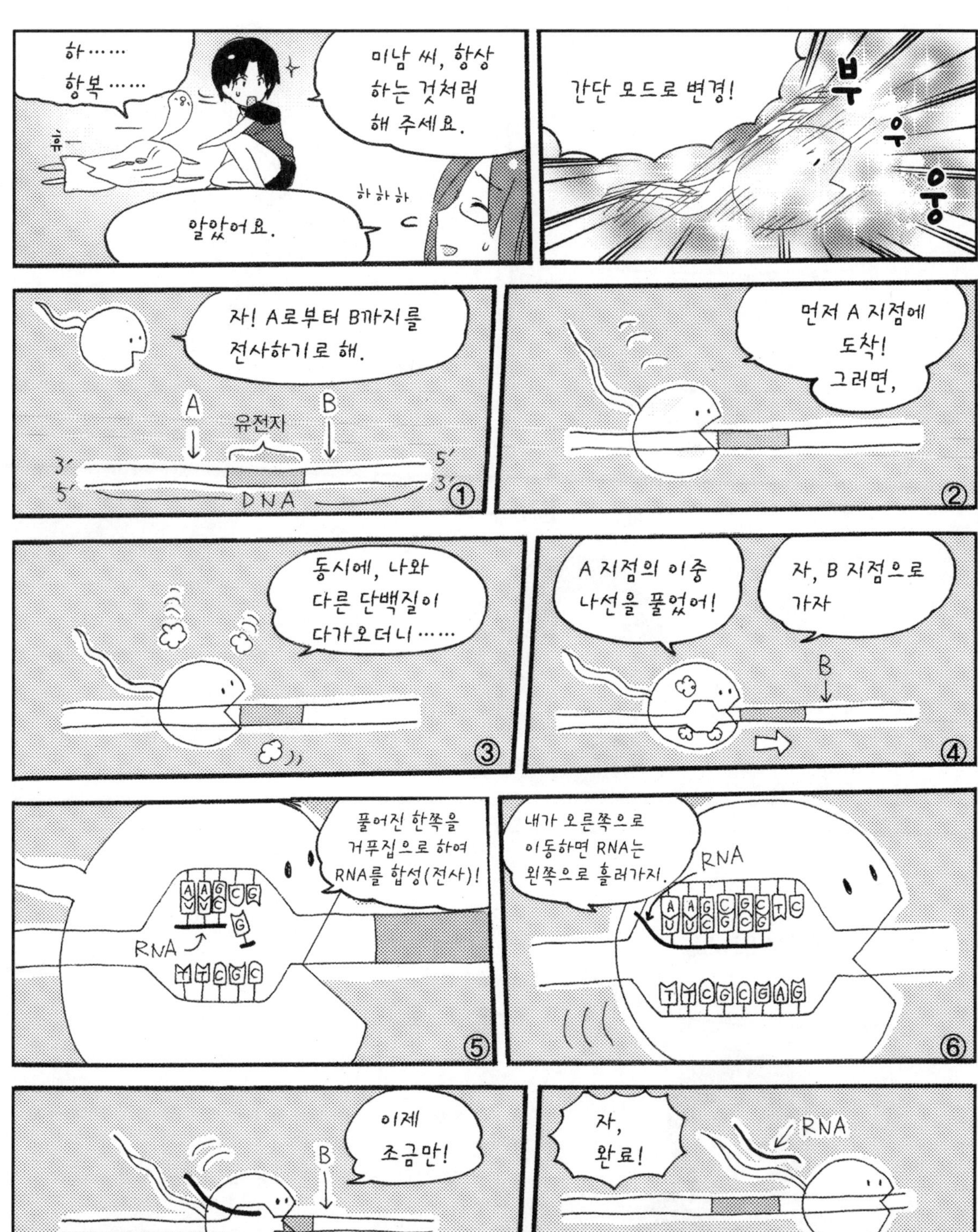

하……
항복……
휴
미남 씨, 항상 하는 것처럼 해 주세요.
알았어요.
하하하
간단 모드로 변경!
부우웅
자! A로부터 B까지를 전사하기로 해.
A
유전지
B
3′
5′
5′
3′
DNA
①
먼저 A 지점에 도착! 그러면,
②
동시에, 나와 다른 단백질이 다가오더니……
③
A 지점의 이중 나선을 풀었어!
자, B 지점으로 가자
B
④
풀어진 한쪽을 거푸집으로 하여 RNA를 합성(전사)!
RNA
⑤
내가 오른쪽으로 이동하면 RNA는 왼쪽으로 흘러가지.
RNA
⑥
이제 조금만!
B
⑦
자, 완료!
RNA
⑧

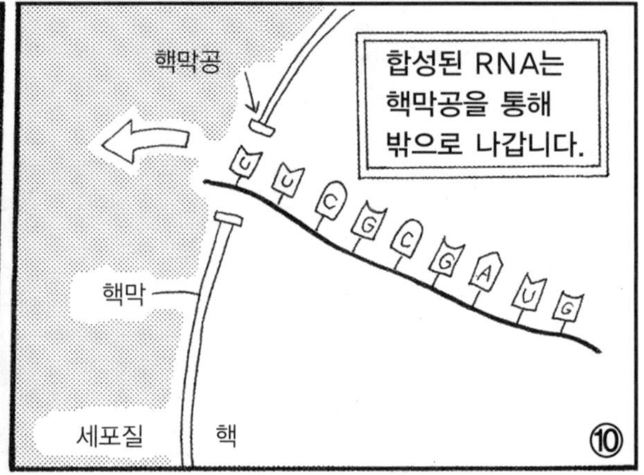

* 진핵생물의 경우 정확하게 말하면 RNA 폴리메라아제 II라고 합니다.

전사된 mRNA의 트리밍

RNA 폴리메라아제는 이처럼 긴 꼬리가 붙어 있어요.

긴 꼬리(CTD: Carboxy−Terminal Domain)

RNA 폴리메라아제 II

이 꼬리는 전문적으로는 CTD(C 말단 도메인)라고 해요.

합성된 RNA는 RNA 폴리메라아제의 긴 꼬리 위를 따라가듯 튀어나가는데

RNA

긴 꼬리

왜 RNA 폴리메라아제는 그처럼 긴 꼬리를 가지고 있을까요? 대관절 그 꼬리 위에서 어떤 일이 일어나고 있을까요?

몇 가지 일이 일어나지만 그 가운데 하나를 소개할게요.

유전자…… 즉 DNA 위에 적혀진 단백질의 설계도는 실은 이처럼 토막이 나 있어요.

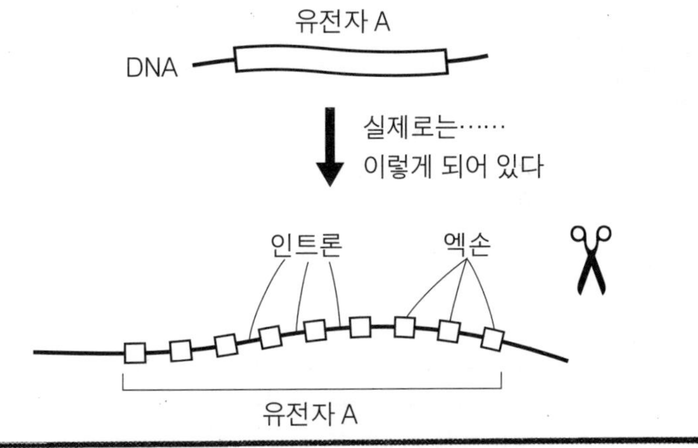

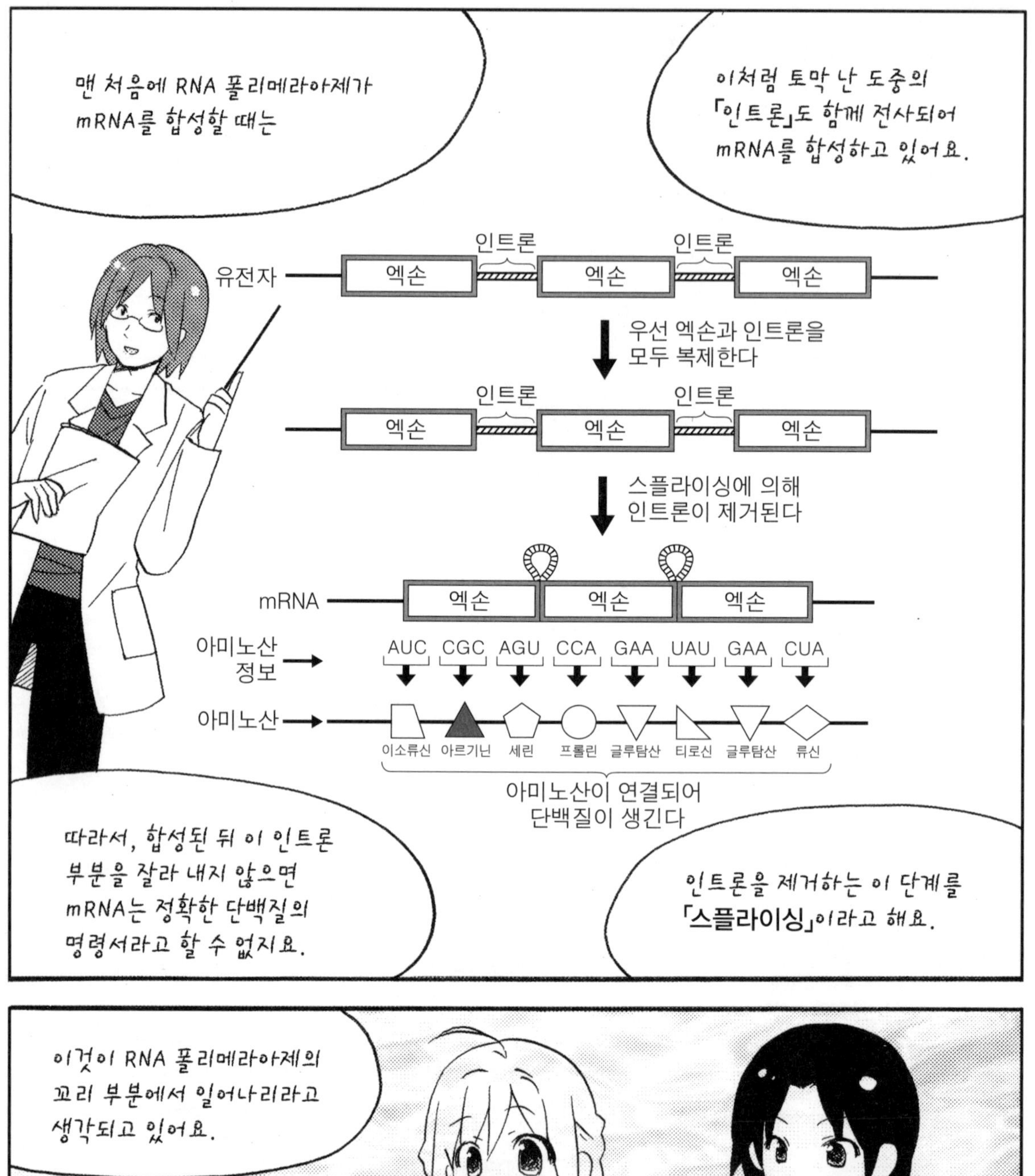
맨 처음에 RNA 폴리메라아제가 mRNA를 합성할 때는
이처럼 토막 난 도중의 「인트론」도 함께 전사되어 mRNA를 합성하고 있어요.
유전자
인트론
인트론
엑손
엑손
엑손
우선 엑손과 인트론을 모두 복제한다
스플라이싱에 의해 인트론이 제거된다
mRNA
아미노산 정보
AUC CGC AGU CCA GAA UAU GAA CUA
아미노산
이소류신 아르기닌 세린 프롤린 글루탐산 티로신 글루탐산 류신
아미노산이 연결되어 단백질이 생긴다
따라서, 합성된 뒤 이 인트론 부분을 잘라 내지 않으면 mRNA는 정확한 단백질의 명령서라고 할 수 없지요.
인트론을 제거하는 이 단계를 「스플라이싱」이라고 해요.
이것이 RNA 폴리메라아제의 꼬리 부분에서 일어나리라고 생각되고 있어요.
헤~
호~

엑손 셔플링

그런데 미남 씨, 어째서 유전자는 토막이 나 있어요?

그것은 아직 연구 단계이며, 여러 가지 설이 있습니다.

박테리아 같은 원시적인 생물의 경우에는 인트론이 없어요. 아마 유전자가 절단돼 있는 편이 유전자가 섞이기 쉬우므로 진화에 유리하지 않았을까요.

유전자가 섞여 진화한다……???

유전자가 마치 트럼프처럼 몇 장의 카드로 되어 있다고 생각해 보세요. 스페이드 1부터 K까지를 하나의 유전자, 그리고 하트 1에서 K까지를 하나의 유전자라 하고 각각의 카드를 엑손이라고 하면, 하트와 스페이드의 유전자는 13개의 엑손으로 이루어져 있는 셈이에요.

그렇지만 진화 과정에서 때때로 스페이드의 4, 5, 6과 하트의 4, 5, 6이 바뀌어 들어가는 그런 일이 일어나리라고 생각됩니다.

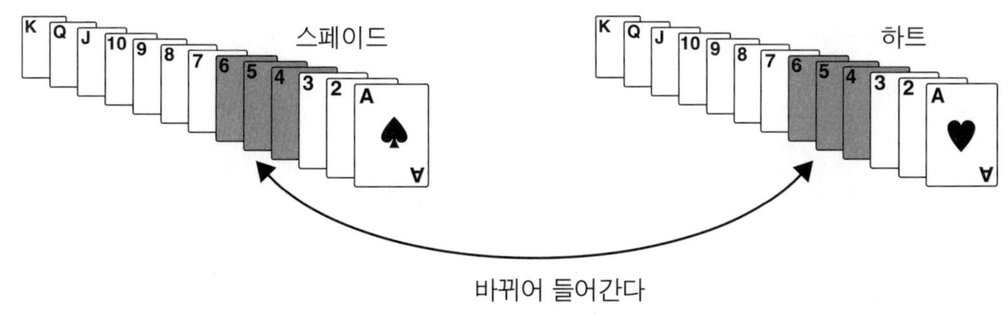

즉, 어느 두 유전자 사이에서 엑손의 교환이 일어나 새로운 유전자가 만들어지는 것이 아닐까 생각되고 있습니다. 우리 인간의 유전자 가운데도 전혀 관계가 없는 두 유전자에 매우 비슷한 엑손이 존재한다는 예가 알려져 있습니다. 이것은 바로 엑손의 「혼합」에 의해 기능이 달라지는 유전자가 만들어져 왔음을 시사하고 있는 것입니다.

이것을 「엑손 셔플링」이라고 하는데, 이에 의해 유전자의 다양화가 이루어져 생물의 진화에 한 역할을 하지 않았을까 생각하고 있습니다.

…….

좀 ……, 너무 어려운 것 같군요.

3 RNA란 무엇인가?

RNA의 글자

DNA를 전사하여 RNA가 만들어지는 것까지는 이해할 수 있어요?

네. DNA의 복제가 RNA라는 거지요. 그렇다면, 즉 DNA와 RNA는 똑같다는 거예요?

아니……틀려요. 연희씨가 조금 전에 알아차리지 않았어요? 「RNA는 DNA의 센스 사슬과 미묘하게 다르다」는 것 말예요.

……아!!

센스 사슬
(거푸집이 아닌 DNA)
A C G G C C G T T A A
RNA→
A C G G C C G U U A A

그럼 RNA와 DNA가 서로 어떻게 다른지 설명할게요.

제2장에서 DNA에는 4종류의 글자가 있음을 배웠지요. 아데닌(A), 구아닌(G), 시토신(C), 티민(T) 등 4종류예요. 그리고 **유전자는 이 4종류의 글자 배열(염기 배열)로 나타내는 암호**임을 배웠어요.

그렇다면 그 암호가 찍혀진 RNA의 경우에도 똑같은 암호가 적혀 있나요?

그 답은……「예」이기도 「아니오」이기도 해요.

???

RNA에도 4종류의 글자(즉, 염기)가 있고, 그 가운데 3종류는 DNA와 같이 A, G, C 등이지만, 나머지 1종류는 T(티민)이 아니라 **U(우라실)**라는 글자예요.

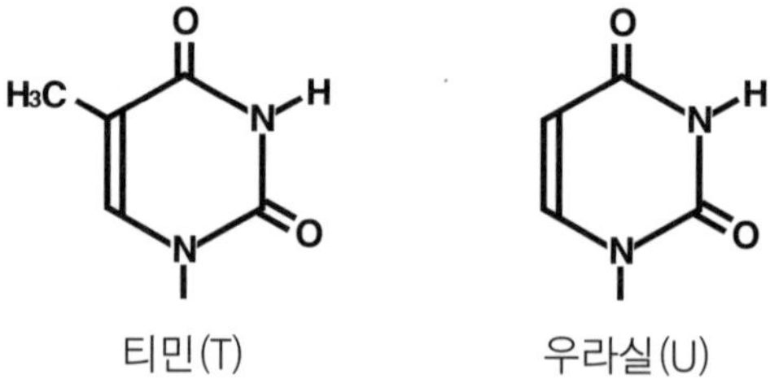

티민(T) 우라실(U)

어째서 그렇게 바뀌었어요?

실은 이것도 연구 중이지만 여러 학자가 생각하고 있는 「가설」은 이렇습니다.

「U(우라실)는 C(시토신)가 변이함으로써 만들어지는 경우가 있다. 즉 DNA의 글자가 U라면 『본래의 U』와 『C의 변이형으로서의 U』가 서로 구별되지 않는다. 그래서 잘못 복구되어 C가 되어 버릴 가능성이 있다—」

그래서 DNA는 헷갈리기 쉽지 않은 T(티민)를 개발한 것이로구나!

네, 그렇지만 어디까지나 가설이에요. 이에 그치지 않고 분자생물학의 세계에서는 아직 알려지지 않은 것이 많이 있는데, 그래서 더욱 연구의 보람이 있어요.

❖ 당이 다르다.

제2장에서 DNA의 재료인 뉴클레오타이드(다이옥시리보오스뉴클레오타이드)는 인산, 당의 일종인 다이옥시리보오스, 그리고 「글자」인 염기로 이루어져 있음을 배웠어요.

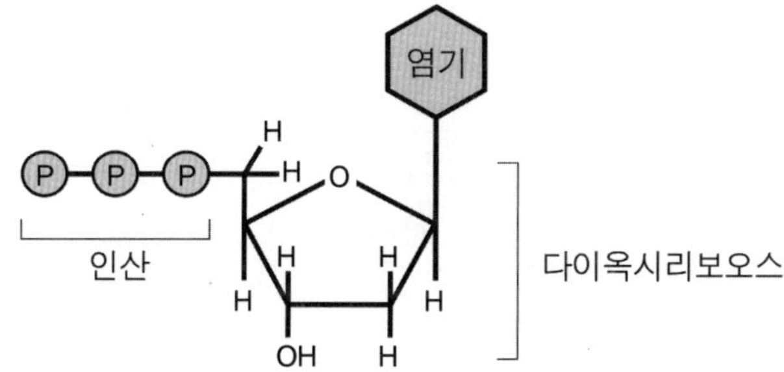

RNA의 재료도 뉴클레오타이드이지만, 이들은 정식으로는 「리보뉴클레오타이드」라고 하며, 역시 인산, 염기, 당으로 이루어져 있습니다. 이들 당은 「다이옥시리보오스」가 아니라 간단히 「리보오스」예요.

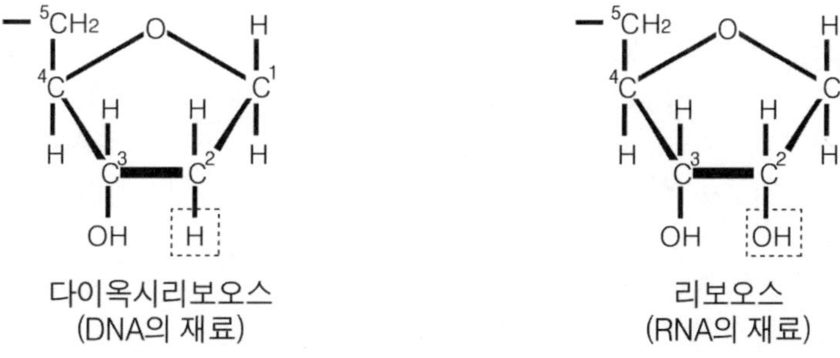

즉 DNA와 RNA의 글자의 하나인 티민이 우라실로 되어 있는 이외에, 또 하나 뉴클레오타이드의 당이 다이옥시리보오스냐 리보오스냐 하는 차이가 있습니다.

다이옥시리보오스와 리보오스는 무엇이 다른가요?

차이는 단 한 군데예요. 두 번째의 탄소(C)에 붙어 있는 것이 수소(H)냐 하이드록시기(OH)냐의 차이뿐이지요. 수소가 붙어 있는 것이 다이옥시리보오스, 하이드록시기가 붙어 있는 것이 리보오스입니다. 단지 이뿐만의 차이로 DNA와 RNA는 분자로서의 성질이 싹 바뀌어 버립니다.

성질은 어떤 식으로 바뀌는가요?

하이드록시기를 가지고 있는 RNA는 수소를 가지고 있는 DNA에 비해 「반응성이 매우 높습니다.」 왜냐하면, 하이드록시기 속의 산소 원자(O)가 다른 원자와 반응하기 쉬운 성질을 가지고 있기 때문입니다.

❖ 자유자재인 RNA와 그 역할

이처럼 염기의 T(티민)와 U(우라실)가 다른 것, 뉴클레오타이드의 당이 다른 것 이들 두 가지 점이 RNA 분자와 DNA 분자의 화학적 차이인데, 그 밖에 또 하나 RNA가 DNA와는 크게 다른 중요한 점이 있습니다. DNA가 두 가닥 사슬을 형성하고 있음은 설명했지만, 대부분의 RNA는 한 가닥 사슬로 일하고 있어요.

DNA는 두 가닥 사슬

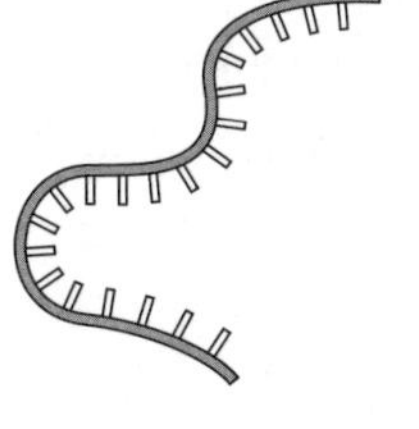

RNA는 한 가닥 사슬

어라, 어떻게 된 거예요? 두 가닥 쪽이 여러 가지 점에서 좋지 않았어요?

DNA의 경우는 확실히 그랬지요. 하지만 RNA의 경우는 한 가닥 사슬인 것에 커다란 장점이 있어요. 한 가닥 사슬인 것은 RNA가 「이중 나선」이라는 「고집스러운」 구조가 되는 것이 아니라 「매우 자유로울 수 있다」는 것, 즉 RNA는 1개의 분자 속에서 여러 가지 모양을 만들 수 있다는 것입니다.

예컨대 한 가닥인 RNA의 어딘가에 「AGGCCC」라는 염기 배열이 있고, 다른 어딘가에 「GGGCCU」라는 염기가 있다고 해요. A와 U, G와 C는 서로 상대를 찾아 짝을 이룰 수 있기 때문에 분자 속에서 거기만 두 가닥 사슬이 됩니다. 그러면 RNA는 다음과 같은 모양이 됩니다.

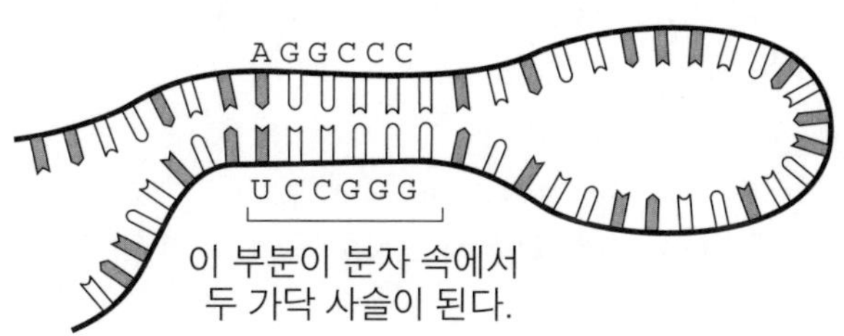

이런 것은 RNA에게 중요합니다. RNA는 간단한 끈 모양의 분자뿐만 아니라 염기 배열을 바꾸기만 하면 다음과 같은 모양을 만들 수가 있습니다. RNA는 여러 가지 모양을 취함으로써 단지 복제 분자로서만이 아니라 각각 여러 가지 역할을 지니게 할 수 있는 것입니다.

RNA의 종류는 여러 가지가 있다.

여러 가지 역할이라……. 예컨대 어떤 역할이 있어요?

유명한 것으로는 「tRNA(전이 RNA)」와 「rRNA(리보솜 RNA)」 등 형태가 되는 것이 있습니다. 둘 다 모두 mRNA에 복제된 유전 정보, 즉 단백질 합성을 위한 명령서로부터 단백질을 만들 때 매우 중요한 작용을 하고 있습니다.

뭐랄까……아주 신기한 느낌이야. 「DNA」라는 말은 어쩌다 듣지만, 「RNA」라는 것은 전혀 몰랐어. 그런데도 실제로는 DNA보다 RNA 쪽이 여러 가지 활약을 하는 것 같은 걸.

그래……그렇게 말하니까 그렇네. RNA 쪽이 유연성이 있는가 봐.

아주 잘 알아차렸어!
꼬까-오

……
잠 잠
어라?
……?

「생명의 탄생에는 RNA가 중요한 역할을 맡았다」는 설이 근래에 유력해졌어.
!

이제 놀라지 않아요. 이제 곧 오시리라 생각했거든요. 무슨 말씀을 하시려고요?
멈칫
후……
그러니까……
요컨대 말하자면

한 가닥 사슬인데다 유연성이
풍부한 RNA와 안정적인
두 가닥 사슬인 DNA……

어느 쪽이 뛰어난지 일률적으로
말할 수 없지만, 나는 RNA 쪽에
가능성을 느껴!

두 사람
모두 잘 들어!
꿀 꺽……

학문이라는 것은 단지 지식을 채워 넣는 것만은
아니야! 유연한 사고와 자유로운 발상!
그것이야말로 중요하다는 것을 알아야 해!
쿵

RNA를 공부하고
있어요.
삐 직
하하하
음, 그래!
그럼 또 만나자!

이런,
등장 시간이 짧아!
RNA와 같은
유연성……인가?

4 리보솜과 번역의 메커니즘

❖ 단백질 합성 기계 : 리보솜

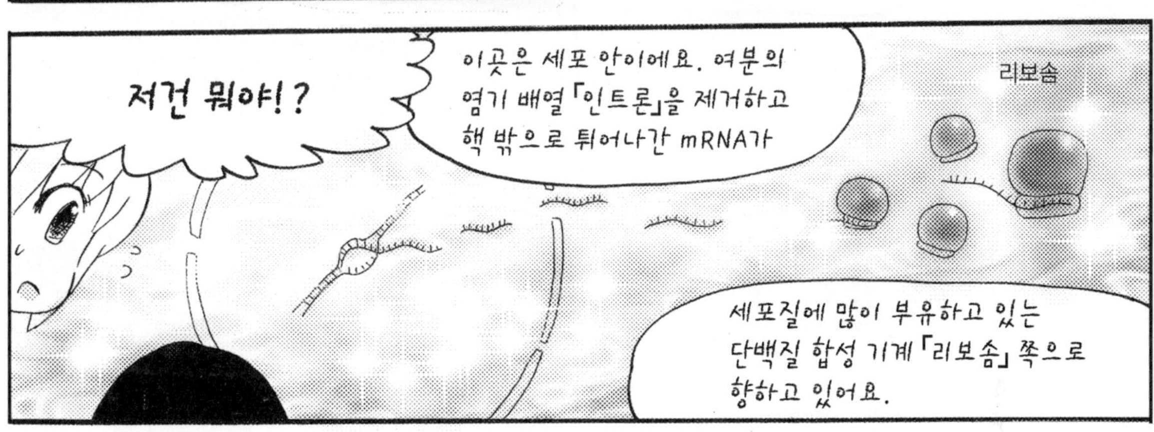

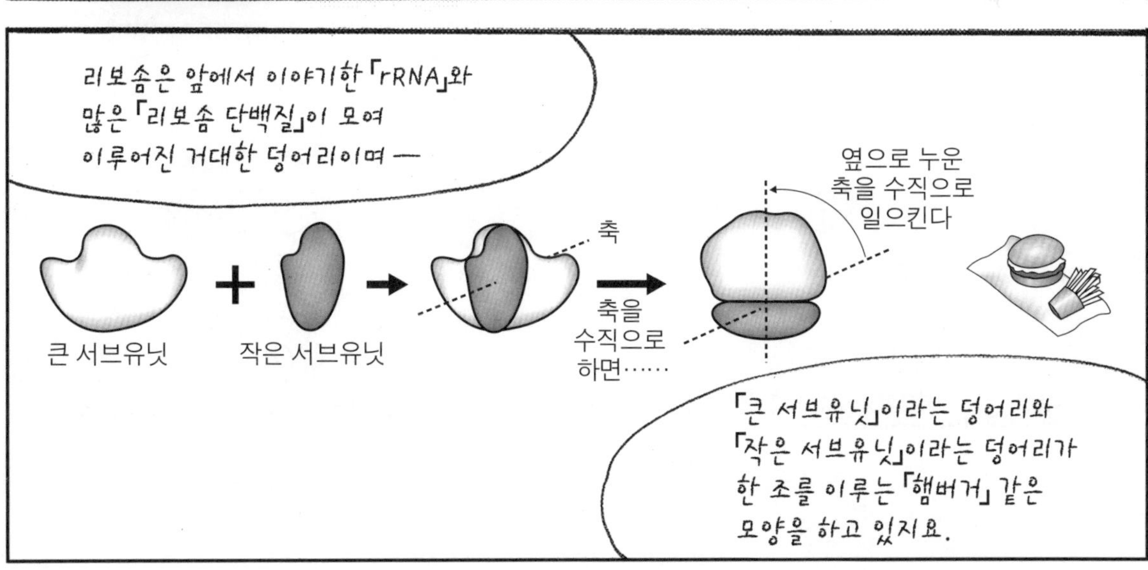

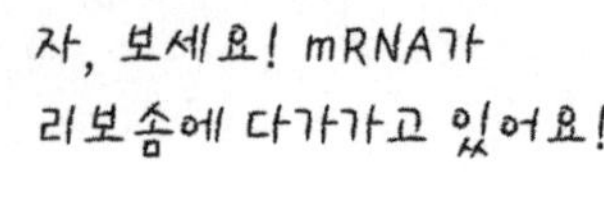

자, 보세요! mRNA가 리보솜에 다가가고 있어요!

이때, 리보솜에는 큰 서브유닛은 아직 없고 최초의 아미노산(메티오닌)이 들러붙은 tRNA가 들어 있어요.
메티오닌
mRNA가 다가온다
tRNA
mRNA
리보솜의 작은 서브유닛
즉, 이때 리보솜은 아직 완전한 형태가 아니에요. 이것을 「개시 전 복합체」라고 해요.

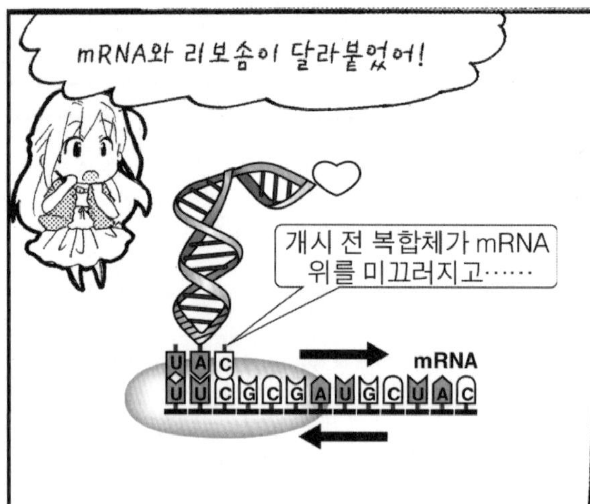

mRNA와 리보솜이 달라붙었어!
개시 전 복합체가 mRNA 위를 미끄러지고……
mRNA

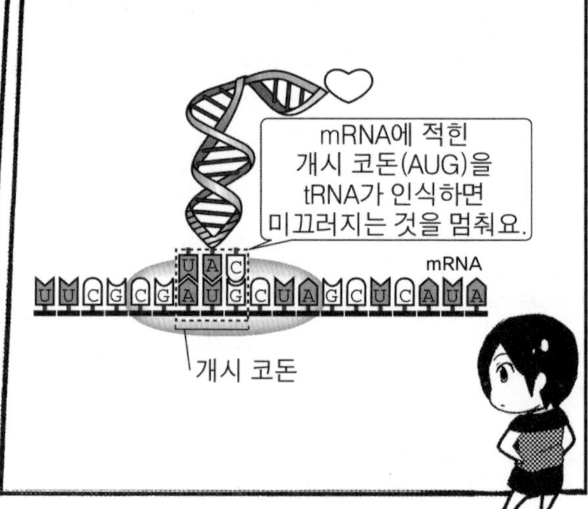

mRNA에 적힌 개시 코돈(AUG)을 tRNA가 인식하면 미끄러지는 것을 멈춰요.
mRNA
개시 코돈

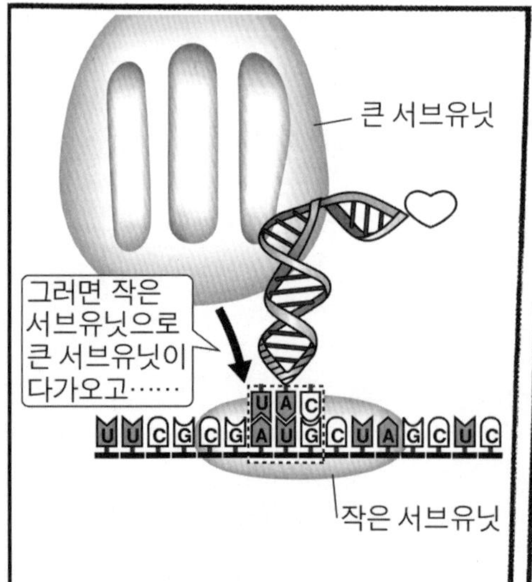

큰 서브유닛
그러면 작은 서브유닛으로 큰 서브유닛이 다가오고……
작은 서브유닛

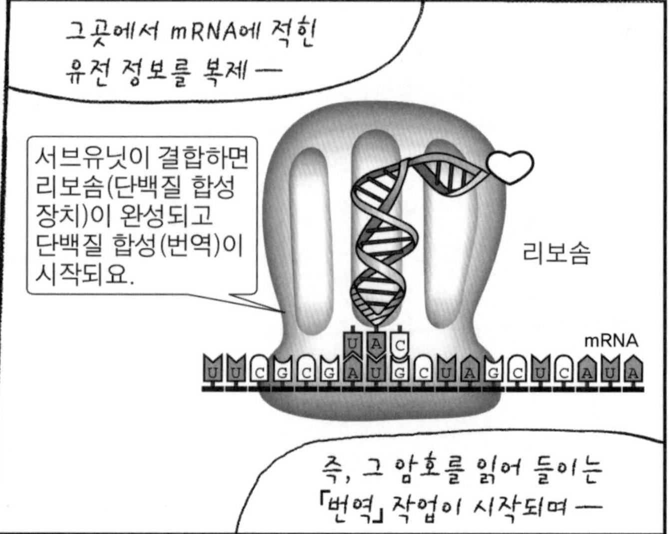

그곳에서 mRNA에 적힌 유전 정보를 복제—
서브유닛이 결합하면 리보솜(단백질 합성 장치)이 완성되고 단백질 합성(번역)이 시작되요.
리보솜
mRNA
즉, 그 암호를 읽어 들이는 「번역」 작업이 시작되며—

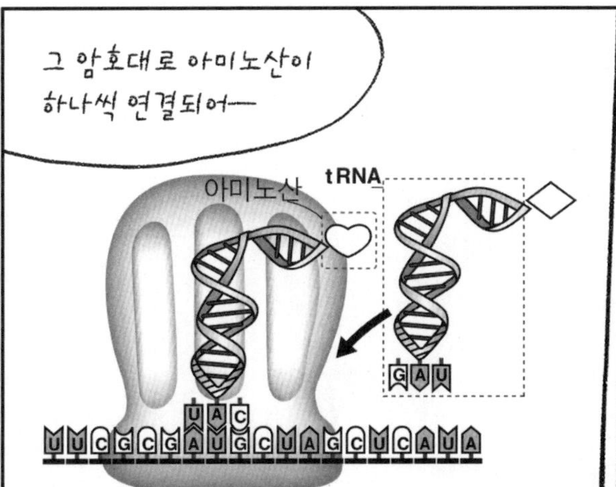
그 암호대로 아미노산이
하나씩 연결되어—
아미노산
tRNA
UAC
GAU
UUCGCGAUGCUAGCUCAUA

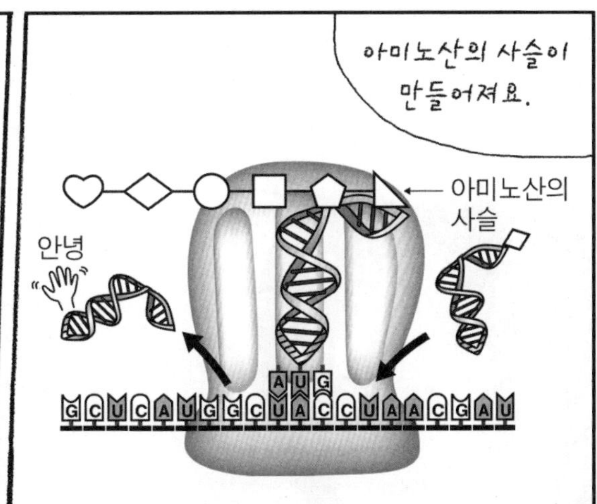
아미노산의 사슬이
만들어져요.
아미노산의
사슬
안녕
AUG
GCUCAUGGCUACCUAACGAU

❖ 유전 암호의 메커니즘

mRNA에 적힌 암호는
A, G, C, U라는 4종류
염기의 조합이었어요.
이 AGCU 염기 배열 가운데
세 글자씩 연속된 부분이 하나의
아미노산 암호예요.
AUGGCUA
mRNA
세글자
하나의
아미노산
?
아니……
무슨 이야기예요?

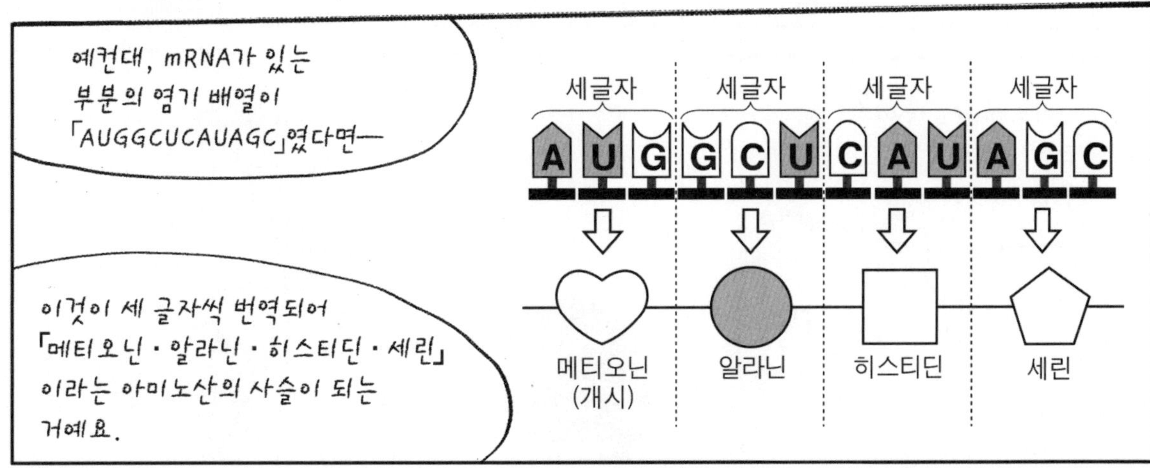
예컨대, mRNA가 있는
부분의 염기 배열이
「AUGGCUCAUAGC」였다면—
세글자
세글자
세글자
세글자
AUGGCUCAUAGC
메티오닌
(개시)
알라닌
히스티딘
세린
이것이 세 글자씩 번역되어
「메티오닌・알라닌・히스티딘・세린」
이라는 아미노산의 사슬이 되는
거예요.

이것은 「AUG」가 메티오닌, 「GCU」가
알라닌, 「CAU」가 히스티딘, 「AGC」가
세린 등으로 암호가 되어 있기
때문이에요.
아, 그렇군요!

이런 세 글자 암호를 「코돈」이라고 해요.
암호라기보다 「법칙」이지요.

이 「코돈」이 20종류 이상 있는
아미노산 각각에게 정해져
있으므로
AGC
CAU
GCU
AUG
세린
히스티딘
알라닌
메티오닌
mRNA 위의 암호가 제대로 번역되어
정해진 아미노산의 배열을 재현할
수 있게 되었던 거예요.
이것을 「유전 암호」라고 해요.

아미노산 각각에 대응하는
코돈을 표로 만들어
두었어요.

	둘째 글자				
첫글자	U	C	A	G	셋째 글자
U	(UUU) 페닐알라닌	(UCU) 세린	(UAU) 티로신	(UGU) 시스틴	U
	(UUC) 페닐알라닌	(UCC) 세린	(UAC) 티로신	(UGC) 시스틴	C
	(UUA) 류신	(UCA) 세린	(UAA) 종지	(UGA) 종지	A
	(UUG) 류신	(UCG) 세린	(UAG) 종지	(UGG) 트립토판	G
C	(CUU) 류신	(CCU) 프롤린	(CAU) 히스티딘	(CGU) 아르기닌	U
	(CUC) 류신	(CCC) 프롤린	(CAC) 히스티딘	(CGC) 아르기닌	C
	(CUA) 류신	(CCA) 프롤린	(CAA) 글루타민	(CGA) 아르기닌	A
	(CUG) 류신	(CCG) 프롤린	(CAG) 글루타민	(CGG) 아르기닌	G
A	(AUU) 이소류신	(ACU) 트레오닌	(AAU) 아스파라긴	(AGU) 세린	U
	(AUC) 이소류신	(ACC) 트레오닌	(AAC) 아스파라긴	(AGC) 세린	C
	(AUA) 이소류신	(ACA) 트레오닌	(AAA) 리신	(AGA) 아르기닌	A
	(AUG) 메티오닌(개시)	(ACG) 트레오닌	(AAG) 리신	(AGG) 아르긴	G
G	(GUU) 바린	(GCU) 알라닌	(GAU) 아스파라긴산	(GGU) 글리신	U
	(GUC) 바린	(GCC) 알라닌	(GAC) 아스파라긴산	(GGC) 글리신	C
	(GUA) 바린	(GCA) 알라닌	(GAA) 글루탐산	(GGA) 글리신	A
	(GUG) 바린	(GCG) 알라닌	(GAG) 글루탐산	(GGG) 글리신	G

❖ 아미노산은 tRNA가 운반해 온다.

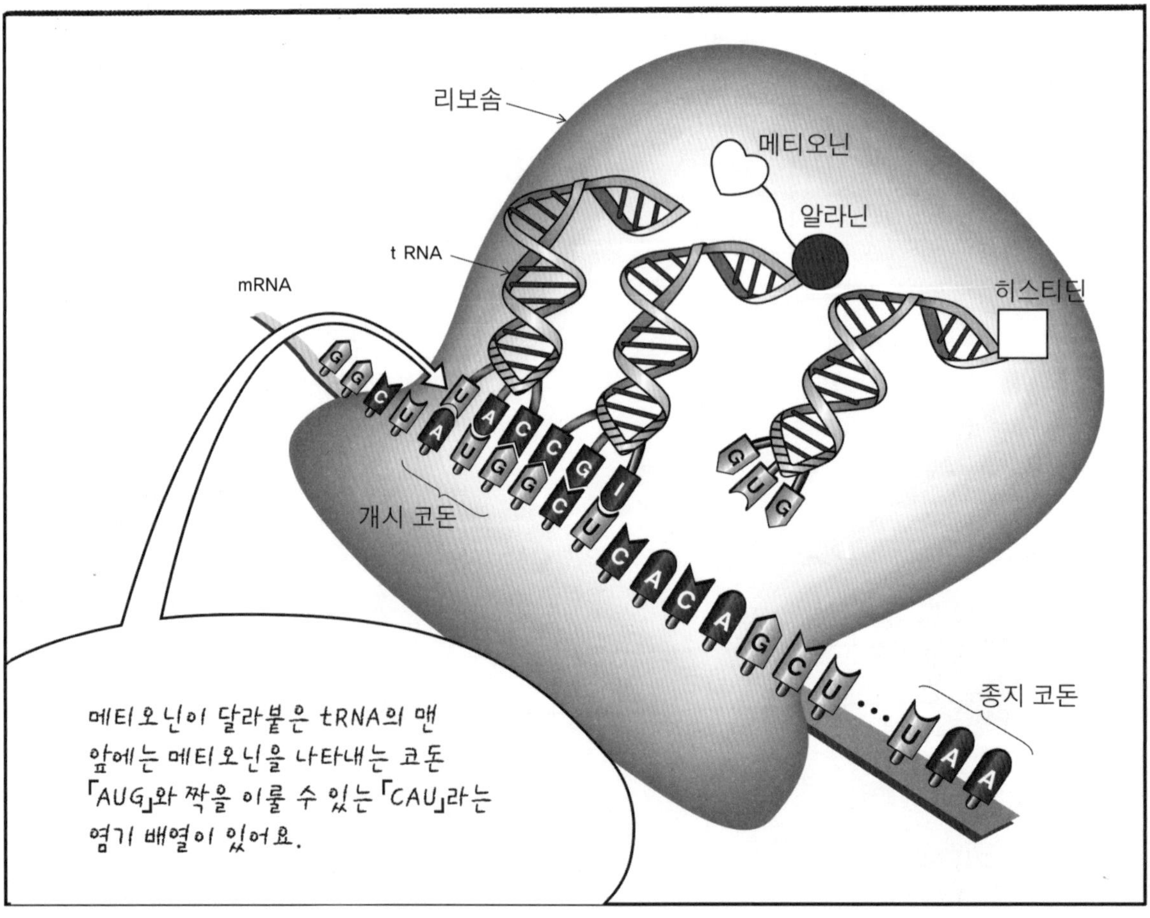

20종류의 아미노산은 「tRNA」라는 RNA에 달라붙어 리보솜에게 다가와요.

그래요.

알겠어요.

「tRNA」라는 그 이름과 마찬가지로 아미노산을 「트랜스퍼」한다…… 즉 아미노산을 받아 넘기는 역할을 하는 RNA예요.

리보솜

메티오닌

알라닌

t RNA

mRNA

히스티딘

개시 코돈

종지 코돈

메티오닌이 달라붙은 tRNA의 맨 앞에는 메티오닌을 나타내는 코돈 「AUG」와 짝을 이룰 수 있는 「CAU」라는 염기 배열이 있어요.

코돈과 짝을 이룰 수 있는 tRNA 위의 이들 세 염기 배열을 「**안티코돈**」이라고 합니다.

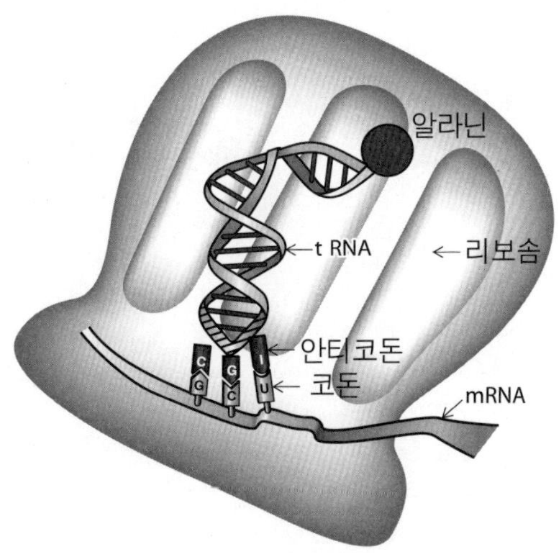

마찬가지로 알라닌이라는 아미노산이 달라붙은 tRNA에는 알라닌의 암호 「GCU」와 짝이 되는 「IGC」라는 배열이 있습니다. 안티코돈의 첫 문자에는 때때로 이노신 「I」로 바뀐 글자가 사용되는 경우도 있습니다.

「때때로 사용된다」는 것은 다른 염기의 대용이라는 뜻인가요.?

대용이라는 표현이 적절한지 어떤지는 미묘한 문제지만, 이노신은 2~3종류의 염기와 달라붙을 수 있는 특수한 염기입니다. 이처럼 코돈의 세 번째 염기는 안티코돈의 첫 번째 염기와 짝이 되는 힘이 약합니다. 따라서, 다른 염기와도 짝이 될 수 있습니다. 이런 염기를 「동요 염기(wobble base)」라고 합니다.

트럼프의 조커야!

그래요. 올마이티 카드 같은 것일지도 모릅니다. 이노신 이외에도 안티코돈의 첫째 글자에 사용되는 구아닌(G)이나 우라실(U)도 「동요 염기」로서 각각 2종류의 염기와 짝이 될 수 있습니다.

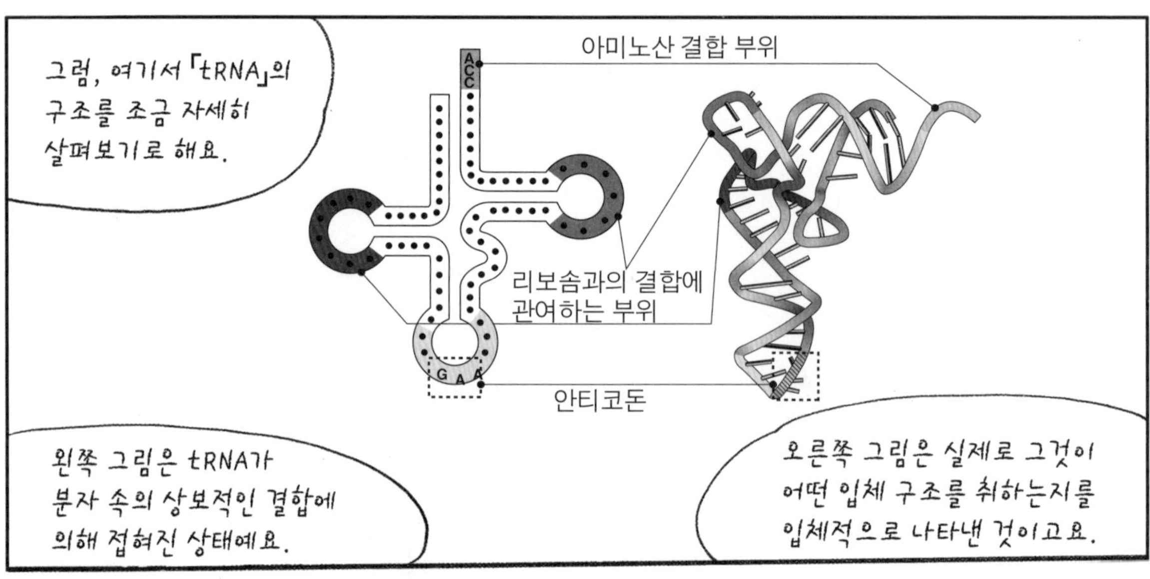

와, tRNA는 복잡한 형태를 띠고 있구나……

그래요. 그렇지만 이것이 바로……

유연한 모습을 바꿀 수 있는 RNA의 특징이에요!

……! 맞아요.

그럼—

긴 아미노산의 사슬이 완성된 무렵의 이야기로 돌아가지요.

아미노산의 사슬

이 아미노산끼리를 결합해 나가는 것은 리보솜에 들어 있는 「rRNA」의 작용이라고 생각하고 있어요.

아미노산의 사슬이라면 마침내 단백질이 만들어진 것인가요?
아뇨, 제대로 단백질의 형태를 갖추게 되는 데는 아직 한 단계가 남아 있어요.

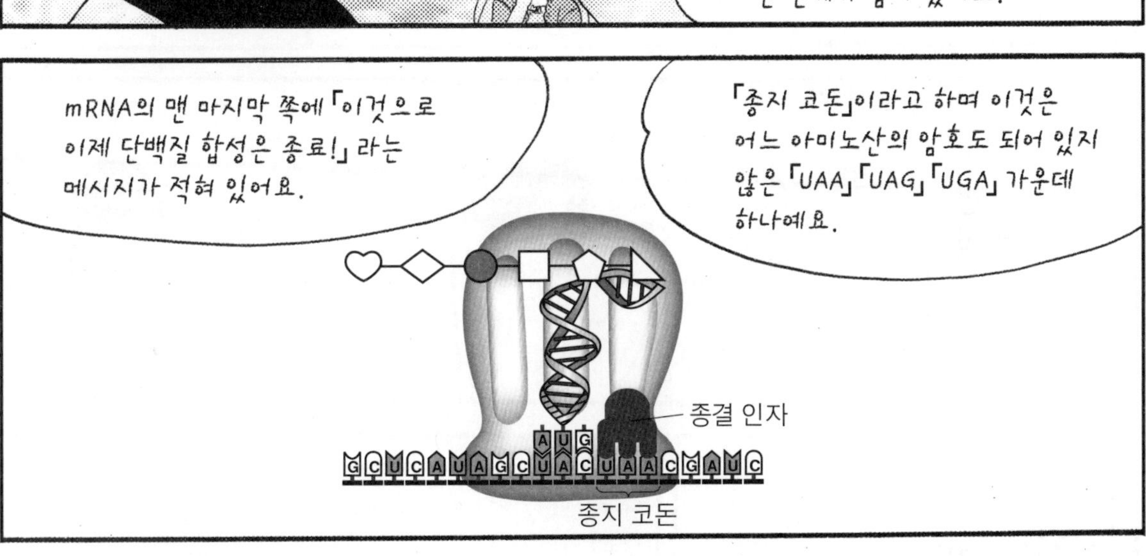
mRNA의 맨 마지막 쪽에 「이것으로 이제 단백질 합성은 종료!」 라는 메시지가 적혀 있어요.
「종지 코돈」이라고 하며 이것은 어느 아미노산의 암호도 되어 있지 않은 「UAA」「UAG」「UGA」 가운데 하나예요.
종결 인자
AUG
GCUCAUAGCUACUAACGAUC
종지 코돈

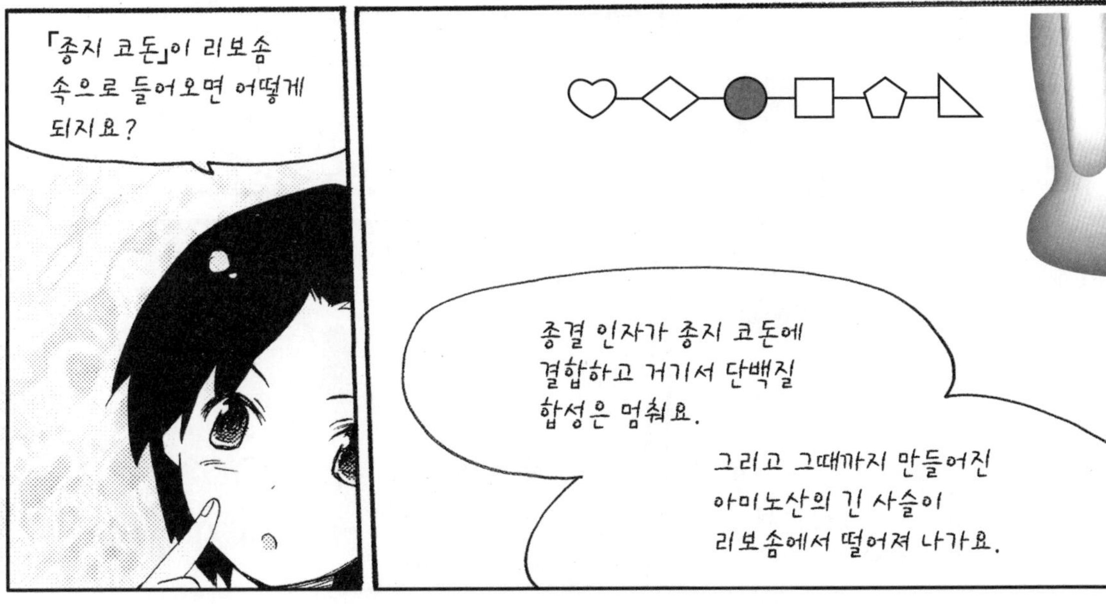
「종지 코돈」이 리보솜 속으로 들어오면 어떻게 되지요?
종결 인자가 종지 코돈에 결합하고 거기서 단백질 합성은 멈춰요.
그리고 그때까지 만들어진 아미노산의 긴 사슬이 리보솜에서 떨어져 나가요.

❖ 단백질의 성숙

* 정확하게 말하자면 자동적이 아니라 다른 단백질의 힘을 빌려 접혀집니다.

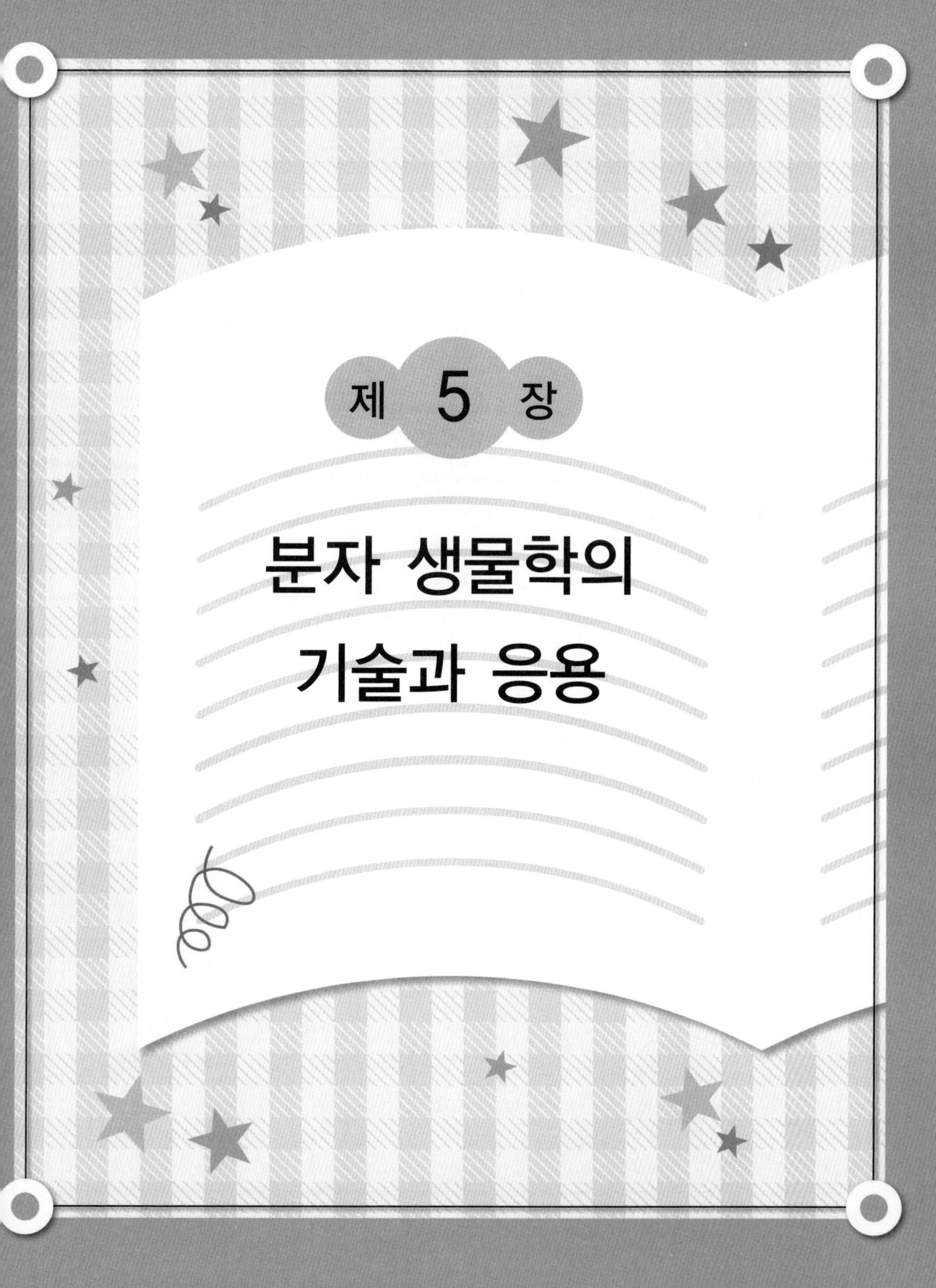

제 5 장

분자 생물학의 기술과 응용

1 유전자 조작 기술이란 어떤 것?

그런데 내일 박사님의
강의는……

휙

절대로 늦지 않도록
하세요.

!?

아……내일은 일찍
일어나야 하나?
그래!

보강 마지막 날

쏴아 쏴아~
앗

작은 알코올 괴물 발견!
어라!?
아주 멋진 별 모양의 모래야!
미남 씨에게 배웠는데 이 별 모양의 모래는 「유공충」이라는 원생생물의 골격이었대.

헤~ 원래는 바다 속에서 살았겠지!
그렇지만……지금은 이미 죽은 거야.
글쎄, 지혜, 「생명」이란 대체……
무엇일까……

솨아ー
솨아ー

……연희,
너 변했어

지혜, 너도 그래!
싱긋

식당

아니? 미남 씨는?
쵸……용
겁을 주더니 자기가
늦잠이야~?

식사가 끝나면
지하실로 와 주세요
-한미남
!!

이현명 선생님
연구소에 지하실도
있었네.
철썩
철썩
무……무서워……

끼이……

왜 이렇게 깜깜한 거야.
끼이이이이
미……미남 씨?

이현명 선생님
계십니까—?

잠깐, 지혜야,
들어가려고!?
들어갈
수밖에……

잠자—ㅁ

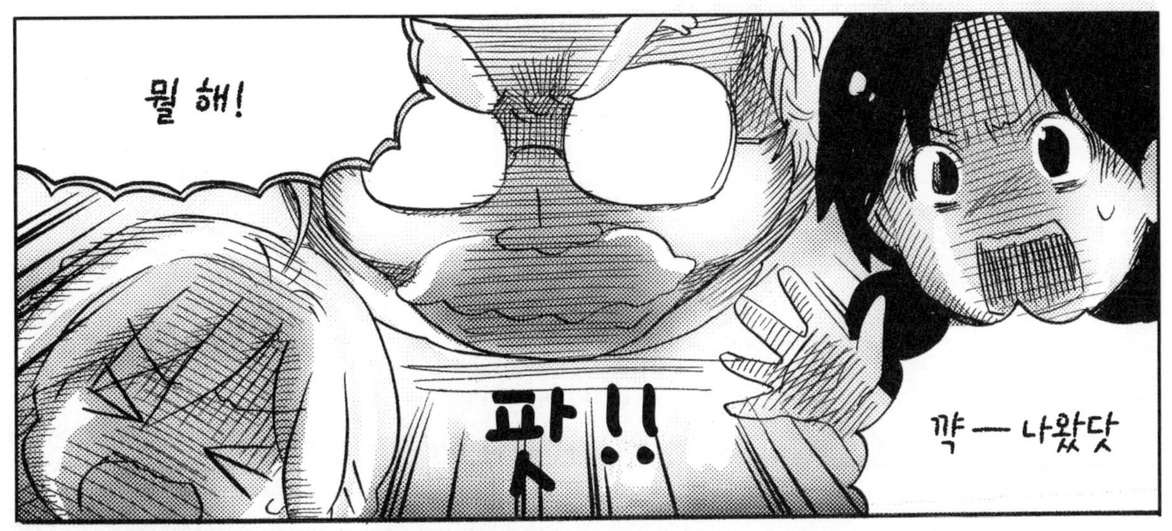
뭘 해!
파!!
꺄— 나왔닷

우하하하
이현명 선생님!
냉큼 자리에 앉아. 낙제하지 않도록!
젠장……또 꾸중이야!
모니터 정말 크다……

❖ DNA를 조작한다.

오늘은 「분자생물학이 세상에 어떤 도움을 줄까」를 이야기할 생각이야.
또 영상~? 드디어 선생님을 만날 수 있겠다고 생각했는데.
이현명 선생님, 미남 씨는요?

미남 군은 지금 내
연구를 도와주고 있는
중이야.
헉—
미남 군은 물론 나도
이 다음에 곧 만나게
될 걸세.

아니
불쌍해—
호호……
그럼
계속하기로 해.

이 보강을 시작할 때 질병 가운데는
몸과 세포 속에 있는 어느 분자의
모양이 비정상이 되거나 —

그 작용이 비정상이 되는 것이
원인으로 일어나는 것이 어떤
것인지 알려져 왔다고 한 것을
기억하는가?
네, 기억해요.

그러니까 분자생물학을 연구함으로써
불치의 병이나 난치병의 원인을
알아내 치료법이 발견될지도
모른다는 거로군요?
단백질의 비정상과 결여
병의 발증

바로 그렇지.

❖ 품종 개량과 유전자 조작 기술

그것을 오늘 강의에서 해설할 거야.

인류는 지금까지도 「더욱 맛있는 작물」과 「더욱 튼튼하고 재배하기 쉬운 작물」을 만들기 위해 품종 개량을 해 왔지만 노력이 많이 드는 일이었어.

예컨대, 농작물을 가꾸더라도 해충에 약해져 곧 시들어 버리거나 —

맛이 없는 것이라면 생산자와 소비자 모두 실망스럽겠지?

교배에 의한 품종 개량	유전자 조작
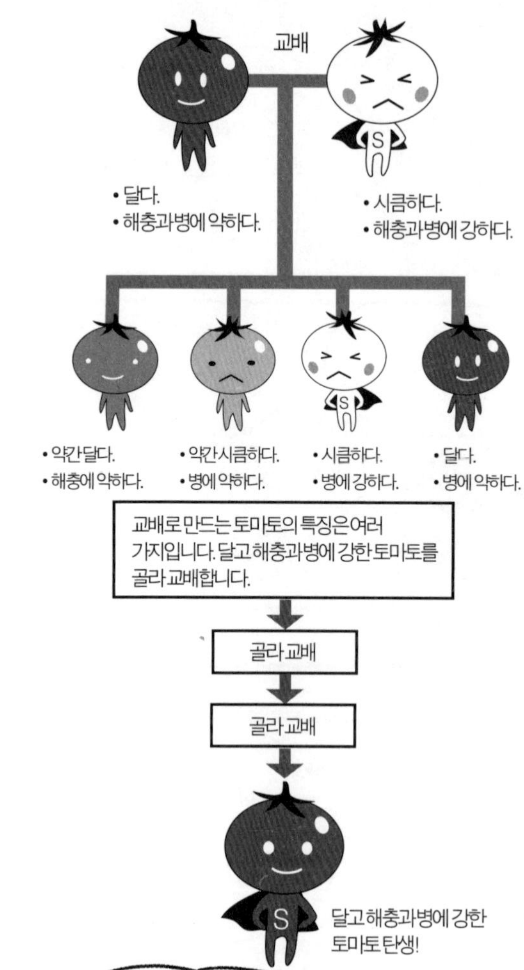	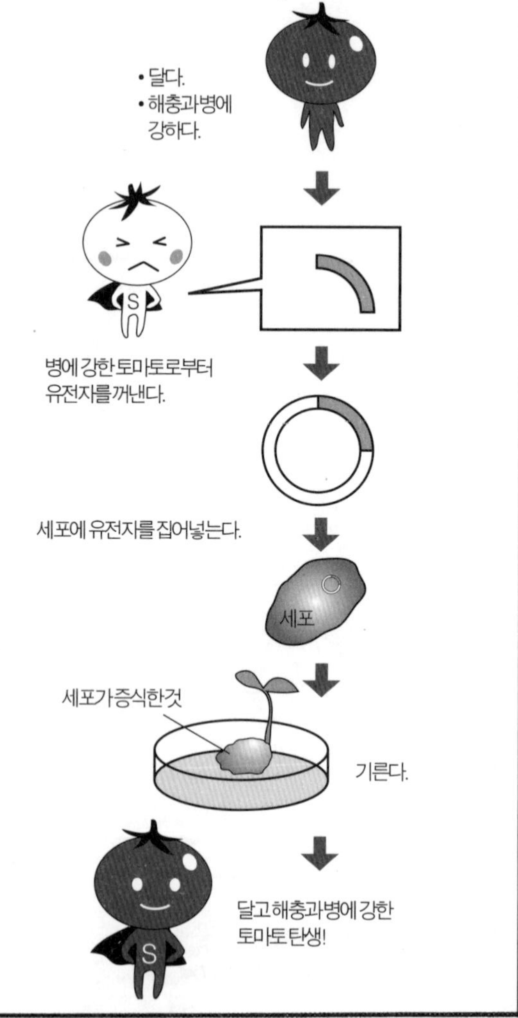

인슐린이라는 단백질은 혈당치를 내리는 작용이 있어 당뇨병 치료약으로서도 사용되고 있지만, 옛날에는 동물의 장기에서 꺼냈기 때문에 사람에게 아무 문제를 일으키지 않는 적합한 인슐린의 대량 생산은 불가능했지.

사람의 인슐린 유전자

DNA

유전자 조작

벡터
(나중에 설명)

사람의 인슐린 유전자

대장균 속에 도입

대장균이 대량의 사람 인슐린을 생산

인슐린

살았다—

응—

그렇지만 유전자 조작에 의해 대장균에 사람의 인슐린 유전자를 「도입」함으로써 당뇨병의 치료약으로서의 인슐린을 대량 생산할 수 있게 된 거야!

그럼 유전자 조작 기술이란
어떤 것일까 — ?

인간의 어느 「단백질 A」의
설계도인 「유전자 A」를 대장균에
도입해 단백질 A를 대량으로
만드는 경우로 설명해 보자!
유전자 A
도입
대장균
단백질 A

참고로 지금부터 설명하는
유전자 조작의 작업 공정은
이 세 가지야!
단계1 목적하는 유전자를 증폭시킨다.
단계2 컷 앤드 페이스트
증폭한 유전자를 잘라 내어 다른 DNA에
붙인다.
단계3 클로닝
유전자 변환이 성공한 DNA만 꺼낸다.

그러나 여기서 설명하는
것은 유전자 조작의 아주
기본적인 작업이므로……
호오~

실제의 유전자 조작 기술은
목적에 따라 더욱 복잡해지는
경우가 많다는 것을 오해하지
말도록!

❖ 유전자 조작 기술의 일례

▶단계 1 목적하는 유전자를 증폭시킨다.

DNA라는 이중나선으로 된 분자의 폭은 불과 2나노미터(nm)입니다. 1나노미터는 10억 분의 1미터(100만 분의 1밀리미터)입니다. 이처럼 유전자의 정체인 DNA는 매우 작기 때문에 육안으로는 볼 수 없습니다.

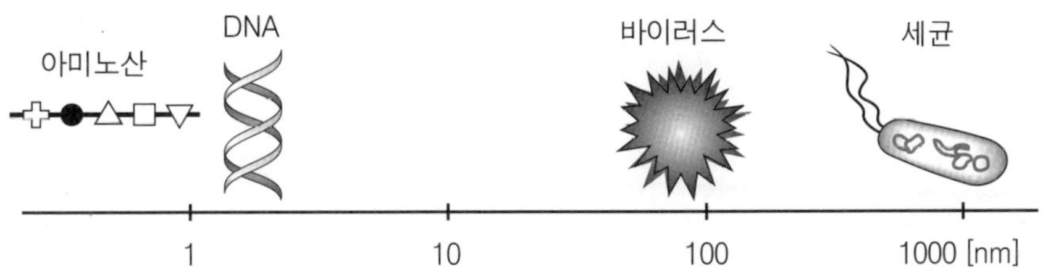

눈에 보이지 않는 것은 다루기 곤란할 것입니다. 대관절 어떻게 하면 「눈에 보이게」 할 수 있을까요?

이 책의 맨 처음에서 물 이야기를 했습니다(p.9 참조). 하나하나는 결코 눈에 보이지 않는 물 분자, 그것이 많이 모이면 우리가 「물」로서 언제나 인식할 수 있는 액체가 됩니다. 이것과 마찬가지입니다. 하나하나가 눈에 보이지 않는다면 그것을 늘려 눈에 보이도록 하면 되지 않을까요!

그렇게 하기 위한 기술 가운데 하나가 **PCR(폴리메라아제 연쇄 반응)**라는 것입니다. PCR란 DNA에 적힌 어느 특정한 유전자만을 증폭시킬 수 있는 기술입니다. 이것에 의해 증폭한 유전자만 꺼내거나 시료 속에서 그 유전자가 있는지 여부를 검출할 수 있게 됩니다(PCR과 그 메커니즘에 대해서는 p.215의 설명 참조).

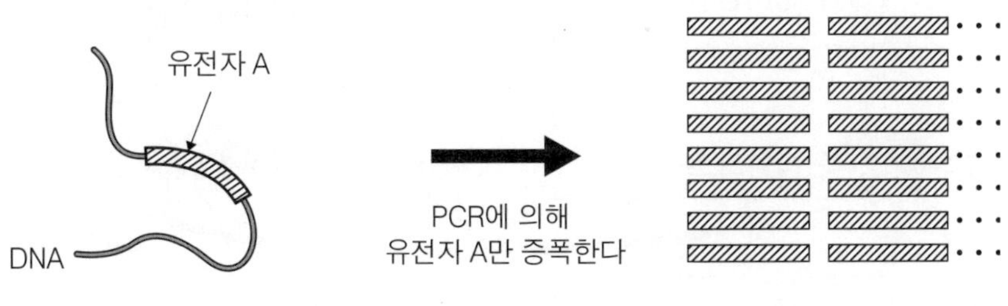

유전자의 증폭

인간과 생쥐 등의 유전자는 이미 「cDNA 라이브러리」라는 이름의 「데이터베이스」로서 연구자라면 누구나 입수할 수 있습니다. 미량의 용액 상태로 연구자에게 판매되고 있으며, 그 가운데 유전자 A의 cDNA가 있는 것입니다. 여기서부터 PCR에 의해 유전자 A를 증폭시켰다고 합시다.

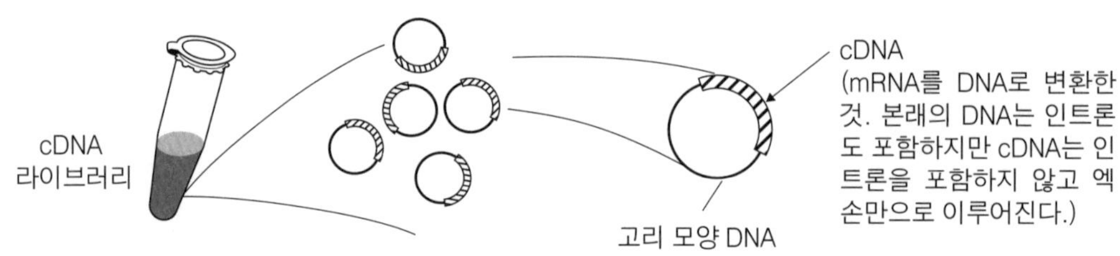

cDNA 라이브러리

그런데 목적하는 유전자 자체를 찾아내는 방법에 대해서는 여기에 소개하지 않습니다.

▶단계 2 컷 앤드 페이스트

그 다음에 증폭된 유전자 A를 다른 DNA에 삽입하는 기술이 필요하게 됩니다. 이 기술이 바로 유전자 변환의 중심이 됩니다.

그 원리는 컷 앤드 페이스트입니다. 컴퓨터를 사용하는 사람에게는 친숙하겠지만, 어느 문장이나 말을 다른 곳에 삽입하는 작업입니다.

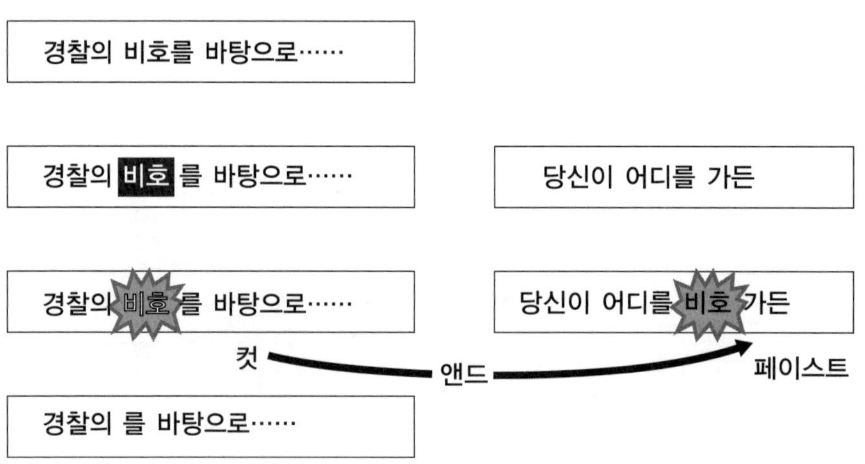

먼저, 제1단계로서 증폭시킨 유전자 A의 양끝을 「컷」하여 「연결 부분」을 만듭니다. 컷하기 위한 가위는 「**제한 효소**」라는 특수한 효소입니다.

그런데 연결 부분? 연결 부분이란 무엇일까요?

제한 효소는 DNA를 절단하는 효소입니다만, 「이런 염기 배열이 되어 있는 곳만」 자른다는 식으로 매우 버릇이 없기도 한 반면에 그것이 오히려 매우 편리한 효소입니다.

예컨대 *Eco*RI라는 제한 효소는 「GAATTC」라는 염기 배열이 되어 있는 곳만 절단합니다. 다음 그림을 잘 보면 이 염기 배열, 이중이 된 상대의 염기 배열을 거꾸로 읽으면 역시 마찬가지로 「GAATTC」가 되는 것을 알 수 있겠지요?

*Eco*RI는 이 부분을 마치 연결 부분을 만드는 것처럼 지그재그로 절단합니다.

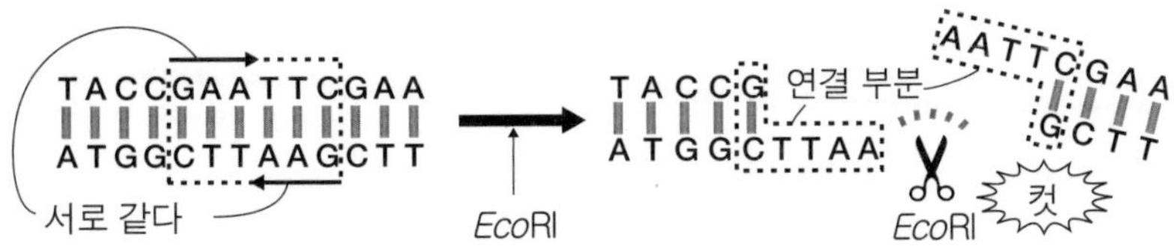

이 때문에 PCR로 유전자 A를 증폭할 때 양끝에 연결 부분이 만들어지도록 염기 배열에 미리 대비시켜 증폭하면 좋을 것입니다(자세한 것은 p.216 참조).

자, 이리하여 연결 부분이 붙어 있는 유전자 A를 삽입하는 쪽 DNA에 「페이스트」하기 위해서는 그 상대도 똑같은 연결 부분이 되어 있게끔 똑같은 제한 효소로 절단해 줍니다.

그리하여 똑같은 제한 효소로 절단한 두 DNA(유전자와 그것을 삽입하려는 상대편 DNA)를 섞고, 「DNA 리가아제」라는 효소로 연결 부분을 연결해 주면 「페이스트」가 완성(!)되는 셈입니다.

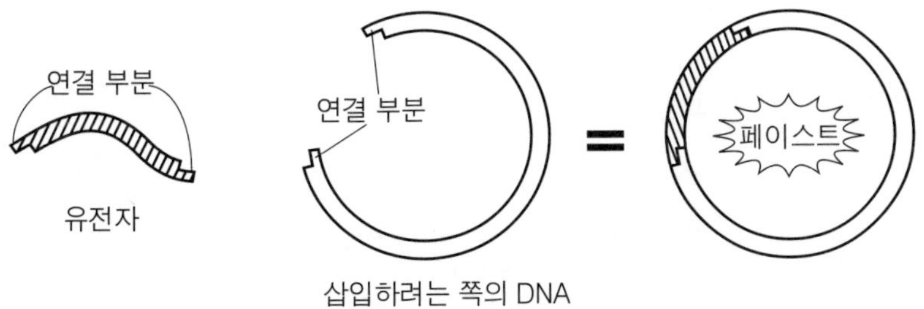

▶단계 3 클로닝

자, 아까부터 「삽입하려는 쪽의 DNA」라는 말이 나오고 있습니다. 왜 유전자 A를 굳이 다른 DNA에 삽입할 필요가 있을까요?

실은 어떤 생물에 어떤 유전자를 도입하고 그 유전자를 작용시키기(발현시키기) 위해서는 그 유전자를 위에서 이야기한 컷 앤드 페이스트 방식으로 전용의 「운반체」(DNA로 만들어져 있다) 속에 삽입할 필요가 있습니다.

이 운반체를 「**벡터**」라고 하며, 고리 모양 즉 바퀴 모양을 한 DNA(고리 모양 DNA)로 되어 있습니다. 이것은 원래 대장균 등의 세균이 세포 속에 가지고 있는 「**플라스미드**」라는 고리 모양 DNA였던 것인데, 연구자가 여러 가지로 바꾸어 만들었으며, 현재는 목적에 따라 많은 종류의 벡터가 개발되어 있습니다(바이러스에 유래하는 벡터도 있습니다.).

플라스미드는 원래 세균의 세포 속에서 훌륭하게 복제한다는 특성을 지니고 있었습니다. 그러므로 그 플라스미드 유래의 벡터에 유전자 A를 삽입한 뒤 그것을 대장균 등 실험실에서 간단히 늘일 수 있는 미생물의 세포 속에 도입하면(도입의 방법에는 전기 충격 등 몇 가지 방법이 있습니다.), 그것만으로도 대량으로 늘어날 수 있습니다.

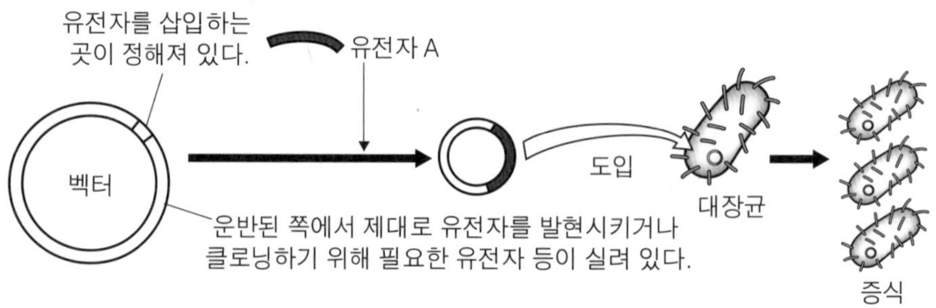

그리고 증식된 대장균을 깨뜨리고 DNA만 순수하게 꺼냄으로써 유전자 A가 들어 있는 고리 모양 DNA의 「클론」을 대량으로 얻을 수 있습니다. 이것을 유전자 A의 「클로닝」이라고 합니다.

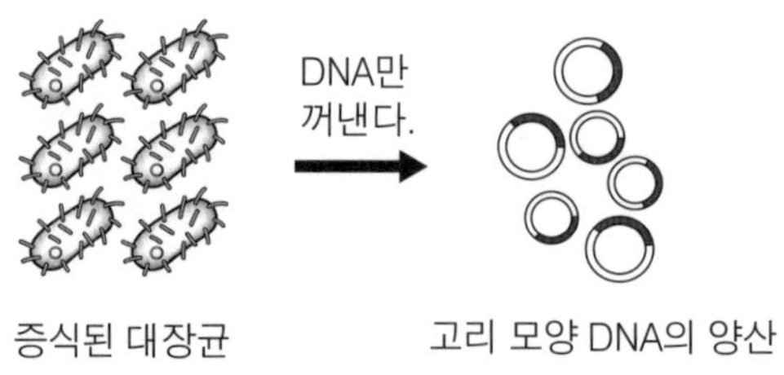

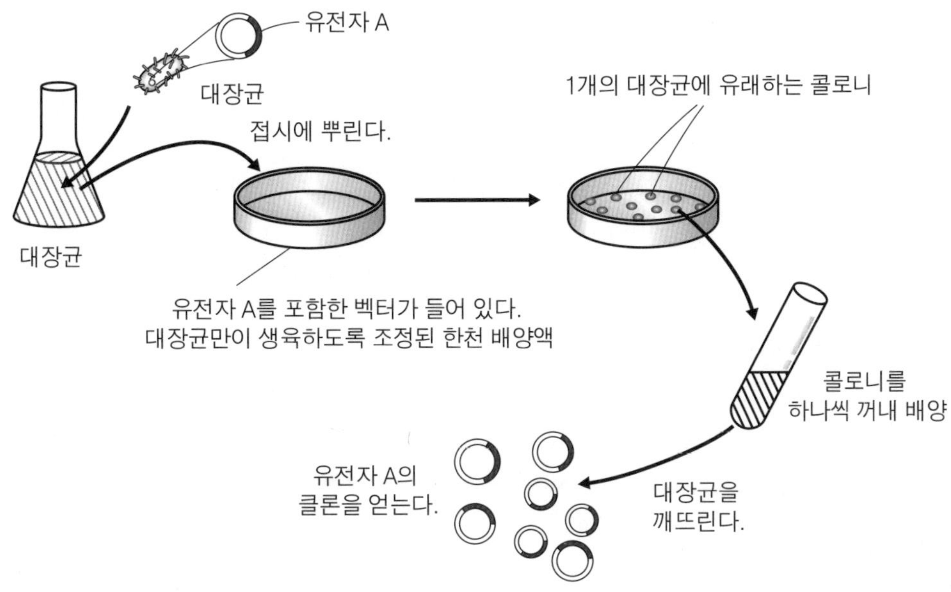

주: 콜로니란 세포가 증식하여 눈에 보이는 집락이 된 것이다.

그리고 대량으로 대장균을 배양하고, 다시 도입된 유전자 A로부터 단백질 A가 생기도록 하면 대량의 단백질 A를 얻을 수 있습니다. 이렇게 한 경우 어떤 화학 물질을 대장균의 배양액에 가하면 유전자 A가 발현하여 단백질이 생기도록 벡터가 미리 설계되어 있습니다.

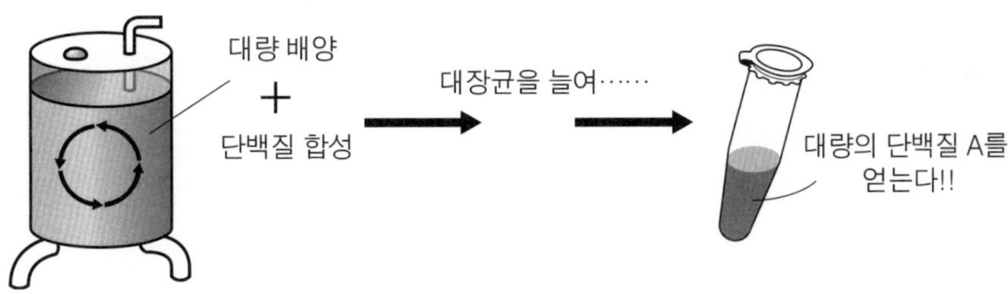

현재는 대장균 등의 세포뿐만 아니라 곤충 세포나 포유류 세포 등 다양한 종류의 세포로 단백질을 만들 수 있게 되었으며, 각각 전용 벡터가 있습니다.

❖ DNA를 검출하여 꺼내는 방법

앞에서 유전자를 눈에 보일 정도까지 증폭한다고 이야기했지만, 그럼 PCR로 증폭한 유전자는 펑 하고 눈앞의 접시에서 왕성하게 증폭되는 것일까요?

아무래도……그렇게까지 증폭되는 것은 아닙니다. 증폭한다고 하더라도 「전기이동」이라는 방법으로 DNA를 분리할 수 있으며, 게다가 자외선을 쬐어 DNA가 빛날 정도로까지만 증폭될 뿐입니다.

먼저 한천으로 만든 판의 한쪽 구석에 있는 구멍에 DNA를 포함하는 용액을 넣고 전기를 통합니다. 그러면 DNA는 음전기로 하전하고 있으므로 길이에 따라 한천 속을 이동합니다. 이것을 어떤 특수한 시약으로 반응시키고 자외선을 쬐면 DNA만이 희미하게 빛나게 됩니다.

이것을 보면서 한천째 칼로 잘라 내면 같은 길이, 즉 같은 염기 배열을 지닌 DNA를 꺼낼 수 있습니다. 그 다음에는 한천을 녹이고 DNA만 알코올에서 꺼내 잘 씻습니다. 이리하여 유전자 변환에 사용될 만큼 대량으로 증폭된 DNA 「정품」(염기 배열이 달라지거나 길이가 다른 DNA가 들어 있지 않는 것)을 얻게 되는 것입니다.

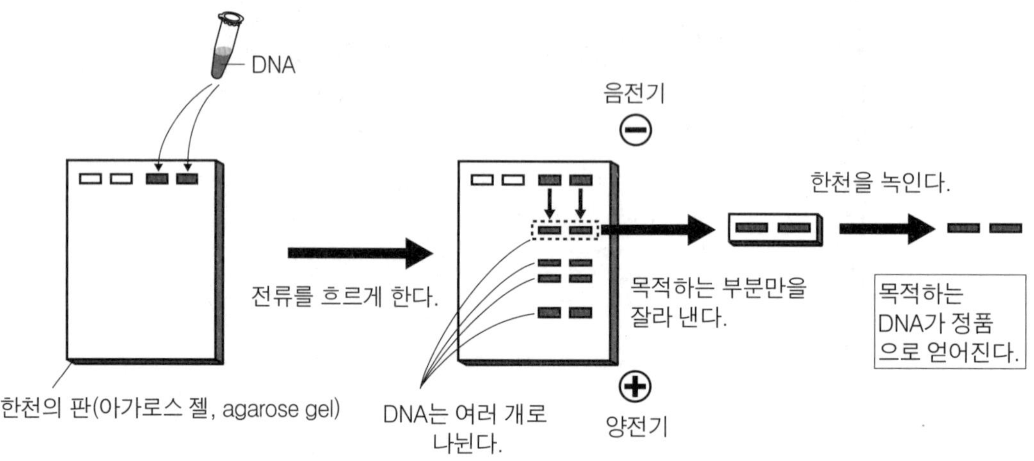

❖ 유전자 도입 동물(녹아웃 생쥐)

유전자 변환 기술은 농작물의 개량과 약의 대량 생산에 응용되고 있지만, 그 밖에도 여러 가지 연구에 도움이 되고 있어!

우선 첫째로 분자생물학 그 자체의 연구 발전에 크게 기여하고 있지! 예컨대 어느 유전자를 배양하여 세포 속에 도입해 세포에 무슨 일이 일어나는지 해석함으로써……

그 세포가 어떻게 변화하는지에 따라 그 유전자로부터 얻어지는 단백질의 성질을 알 수 있는 거지요?

그래! 즉 유전자 조작 기술을 사용하면 지금까지 작용을 알 수 없었던 단백질이 세포 속에서 어떤 역할을 하고 있는지를 간단히 조사할 수 있어. 물론 세포 단위의 연구만이 아니야 —

발생 초기의 세포에 유전자를 도입해 발생시킴으로써 실험 동물(즉, 그 세포 전부) 한 마리의 유전자를 전부 조작하거나 또는 일부러 변이를 가한(글자를 일부러 바꾼) 유전자를 도입하여 그 실험 동물에 어떤 변화가 나타나는지를 연구하는 「**유전자 도입 동물**」을 만드는 데도 「유전자 조작」은 도움이 되고 있지.

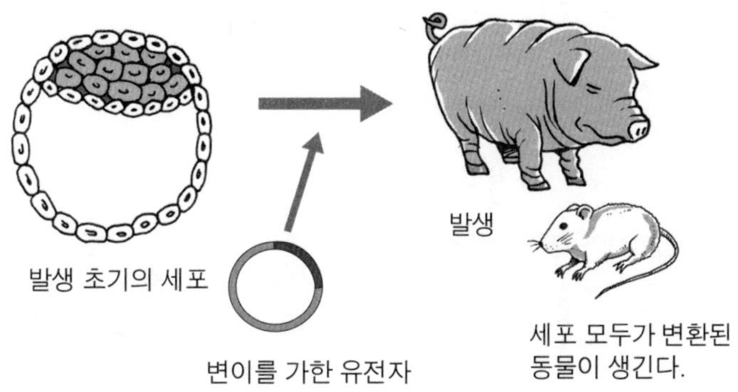

유전자 도입 동물 가운데 연구에 사용되는 것이 녹아웃 생쥐야. 어느 유전자의 작용을 조사하기 위해 그 유전자의 작용을 손상시킨 DNA를 유전자 조작 기술을 사용해 「**ES세포**」라는 수정 후의 배반포에서 꺼낸 세포에 도입해.

ES세포란 무엇인가요?

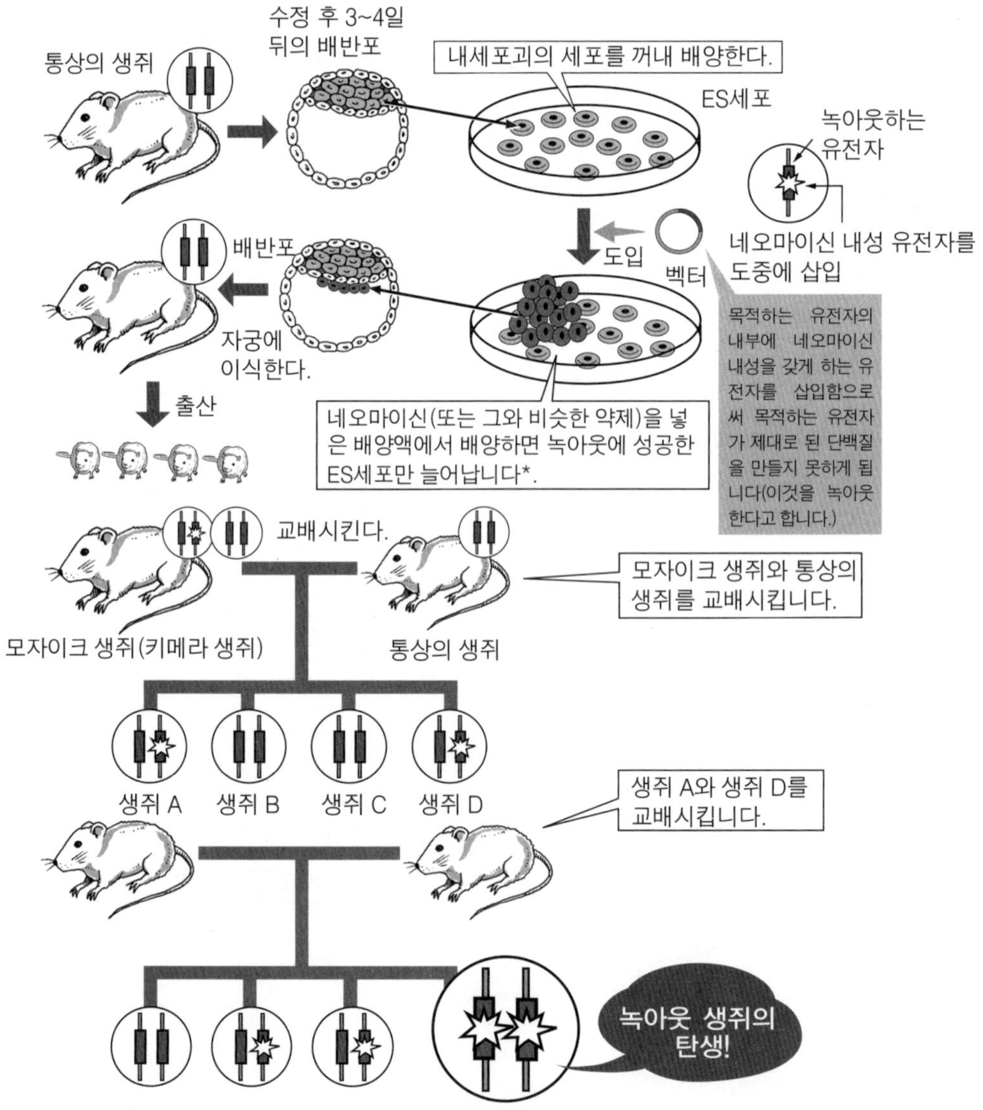

녹아웃 생쥐가 만들어지기까지(ES세포를 사용하는 예)

*실제로는 네오마이신 내성 이외의 성질도 관계합니다.

ES세포는 「배아 줄기세포」라는 것으로, 그것으로부터 어떤 종류의 세포로도 될 가능성을 간직하고 있는 「만능 세포」야.

목적하는 유전자를 작용하지 못하게 한 ES세포를 생쥐의 배에 다시 되돌려 발생시키면 몸의 일부 세포에서 유전자의 작용이 이루어지지 못하게 된(녹아웃된) 생쥐가 태어나지. 이 생쥐를 모자이크 생쥐라고 해. 이것을 p.202의 그림에서 나타낸 것처럼 여러 차례 교배시키면 태어나는 새끼 가운데 온몸의 세포에 유전자가 녹아웃된 생쥐가 태어나게 돼. 이것이 녹아웃 생쥐야.

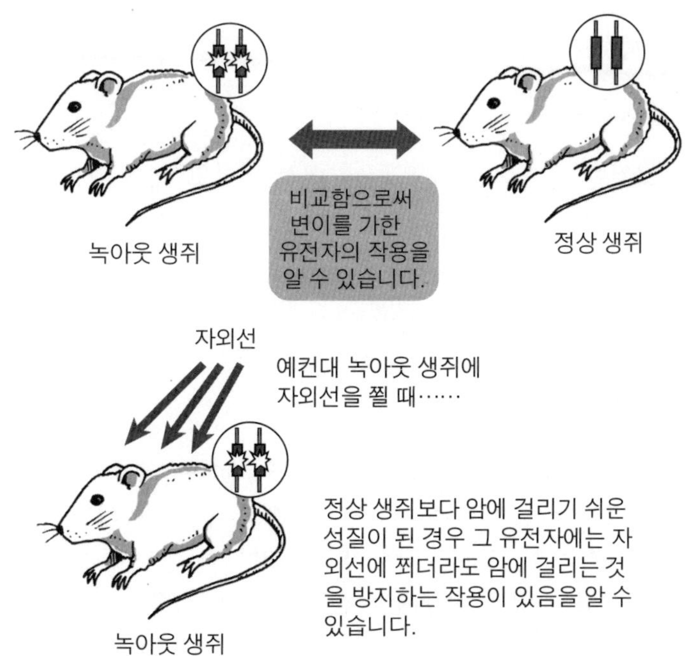

녹아웃 생쥐와 정상 생쥐를 비교해 대관절 무엇이 달라져 있는지 연구함으로써 녹아웃된 유전자 본래의 작용을 알 수 있어. 2007년 노벨 생리학 · 의학상은 이 ES세포를 사용해 녹아웃 생쥐를 만드는 원리를 발견한 세 사람의 과학자에게 수여되었지.

2 유전자 진단과 유전자 치료

❖ 유전자를 조사해 질병을 예방할 수 있다?

「대사 증후군」이라는 말을 들어 본 적이 있나?

제 부친께서도 「대사 증후군」이었어요…….

잠깐, 그것은 단지 허리가 85 cm 이상 된다고 해서 그렇게 부르는 것 아닌가? 그것은 아니야.

아니라고요?

정확하게 말하면 대사 증후군이란 내장 지방형 비만 상태가 되어 있는 사람이 고혈당, 고혈압, 고지혈증 세 가지 가운데 두 가지 이상을 가지고 있는 상태를 말해. 게다가 허리 85cm 이상이라는 것은 일본인 남성의 기준이야. 고혈압과 고지혈증이라는 병은 식생활과 운동량 등의 생활 습관, 생활 방식이 원인으로 일어난다고 해서 일본에서는 「생활 습관병」(우리나라에서는 「성인병」)이라고 하지. 생활 습관병에는 당뇨병, 심근 경색, 뇌경색, 대장암 등 나중에 죽음에 이르게 되는 중병도 포함돼 있어.

역시 운동 부족이나 폭음, 폭식이 원인이지요?

그것은 그렇다고 생각되지만 그러나 생활 습관병 가운데 몇 가지 경우는 단지 생활 습관뿐 아니라 **유전적 요인**도 존재하는 것으로 알려져 왔지.

유전적 요인이라뇨?

어떤 변화가 일어난 유전자를 가지고 있으면 어느 생활 습관병에 「걸리기 쉬워진다」는 것이 통계학적인 연구에 의해 밝혀지고 있거든.

!

그러면 본인의 생활 습관에만 원인이 있는 것이 아니군요.

그렇지. 게다가 그 유전자의 변화라는 것은 DNA의 단지 하나의 글자(염기)가 다른 글자로 바뀌었을 뿐인 경우가 많으며, 그에 의해 심근 경색이 될 위험이 높아지거나 어딘가가 암이 될 위험이 높아진다는 것이 알려지고 있어.

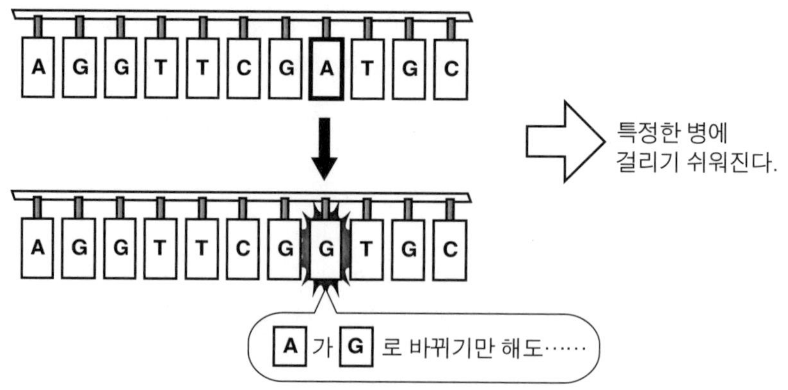

주: 이것은 개념도이며, 이 염기 배열의 경우에 특정 질병이 되기 쉬운 것을 나타내는 것은 아닙니다.

최근의 연구에서는「이 유전자의 이 부분 염기가 무엇인가로부터 무엇으로 바뀌면 심근 경색이 될 위험이 높아진다」는 것도 차츰 알려지고 있지. 이런 데이터가 제대로 정리되면 자신의 유전자를 살펴봄으로써 장래에 자신이 이 병에 걸릴 확률이 높다, 어떤 병에 걸릴지 모른다 등의 예측을 하게 될 거야.

장래에 걸리기 쉬운 병을 알게 된다니……왠지 두려워. 나는 전혀 알고 싶지 않아.

나는 알고 싶어! 미리 알면 뭔가 하게 되지 않을까?

뭔가라니?

뭔가……글쎄……마음의 준비랄까…….

마음의 준비도 그렇지만 「유전자 진단」에 의해 미리 자신이 걸리기 쉬운 병을 알고 있으면 「생활 습관을 이렇게 개선하는 것이 좋다」거나 「어떻게 하면 그 병에 걸리는 것을 늦출 수 있다」는 것을 알 수 있게 됨으로서 「예방 의학」이 착실히 진전될 거야.

그래요! 그게 바로 내가 말하고 싶었던 거야!

응……확실히 그럴지도 모르겠네…….

❖ 유전자 치료

나아가 최근에는 「유전자 치료」라는 새로운 치료법이 있지.

「유전자 치료」라는 말은 들은 적이 있어!

어떤 치료법인가요?

타고난 유전자에 이상이 있고 그것이 살아가는 데 중요한 유전자일 경우에는 태어나자마자 곧 죽어 버릴지도 모르고 성장하지도 못한 채 죽어 버릴지도 몰라!

그런 생명을 구하기 위해 정상인 유전자를 그 전용 벡터 속에 삽입하고 인공적으로 세포 속에 도입하는 치료가 이루어지는 경우가 있어. 이런 치료법을 「**유전자 치료**」라고 해.

야, 대단해!

세계 최초의 유전자 치료를 성공시킨 것은 1990년 미국에서의 일이야.

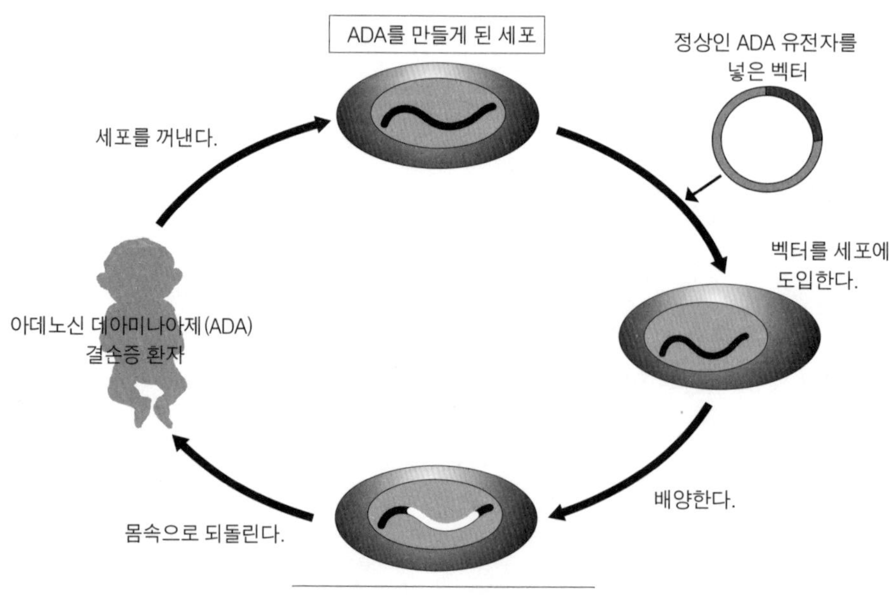

이것은 아데노신 데아미나아제(ADA) 결손증이라는 타고난 핵산(DNA와 RNA를 통틀어 핵산이라 한다.)의 대사에 관한 유전자(ADA 유전자)가 결손되는 병에 대해 정상인 ADA 유전자를 주입한다는 치료법이었어.

유전자 치료의 연구가 일본에서도 이루어진다면 어떤 난치병이라도 치료할 수 있는 꿈같은 치료법이 될 것 같네요!

아니, 그렇게 간단하지는 않아.

어째서요?

일본에서도 1995년 드디어 같은 병에 대한 유전자 치료가 이루어졌어. 그 후 뇌종양과 유방암 등의 환자에게도 유전자 치료가 이루어졌지만 — 대상이 되는 병이 한정된 데다 아직 연구 단계에 있기 때문에 치료는 실제로 그다지 많이 이루어지고 있지 않거든.

유전자를 다루는 데는 윤리적인 관점에서의 제약이 많고, 그리고 생식 세포에 대한 치료는 특히 자손에 대한 영향이 있기 때문에 인정을 받지 못하고 있어!

음……확실히 유전자를 다루는 것은 아닌 게 아니라 「신의 영역」이라고 느껴지기도 하니까 윤리적인 이유로 제약이 있는 것도 그럴만 해…….

게다가 치료에 많은 사람의 손과 비용이 들기 때문에 다른 치료법으로는 아무래도 치료할 수 없는 ADA 결손증 등의 병에 한정되고 있는 것이 현실이야.

그래도……그래도……!

말하고 싶은 것은 알겠어. 물론 유전자 치료의 연구가 발전하기를 기대하면서 기다리고 있는 환자가 있다는 것도 잊어서는 안 돼!

어려운 문제로군요…….

…………

3 현대의 레오나르도 다 빈치는 어디에?

RNA 르네상스

우리 생명이 탄생하기 이전에는 「RNA 월드」라는 세계가 있었다고 합니다. DNA가 생기기 전의 세계이며, 그때는 RNA가 유전자로서의 역할을 담당하고 있었던 것은 아닐까 생각되는 가설적인 시대를 말합니다.

마침내 RNA가 하고 있던 유전자로서의 일을 더욱 물질적으로 안정적인 DNA가 하게 되어 현재의 「DNA 월드」가 탄생했으리라 생각되고 있습니다만……. RNA는 바로 DNA에게 주역을 넘겨 준 것처럼 보입니다.

그렇지만 실은!

어쩐지, 그 그늘에서 RNA가 주도권을 그대로 계속 쥐고 있었던 것은 아닐까라는 생각이 드는 연구 성과가 최근에 이르러 전 세계로부터 나오고 있습니다.

실은 지금 분자생물학의 세계에서는 DNA보다도 RNA 쪽이 연구가 활발합니다. RNA 연구는 최근에 이르러 갑자기 꽃이 피었다거나 단숨에 여러 가지 연구가 이루어지기 시작하여 어느 연구자는 이러한 상황을 「RNA 르네상스」라고 부를 정도입니다.

르네상스라면……세계사에서 배웠겠지요? 13세기부터 15세기에 걸쳐 유럽에서 일어난 예술과 사상의 혁신 운동을 말합니다. 〈모나리자〉를 그린 레오나르도 다 빈치가 유명합니다. 지금 RNA라는 분자의 연구로 다시 이 세상을 석권하기 시작했다……고 해도 지나치지 않지만, 어차피 「복제」일 뿐이라고 생각되었던 RNA가 지금 다시 주목되기 시작하고 있는 것만은 틀림없습니다.

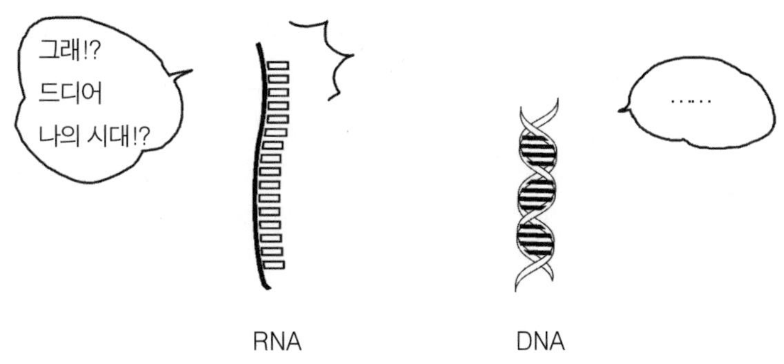

❖ 참견을 하고 방해를 하는 RNA

2006년 노벨 생리학 · 의학상은 「RNA 간섭」이라는 현상을 발견한 미국의 두 분자생물학자 앤드루 Z. 파이어와 크레이그 C. 멜로에게 수여되었습니다. RNA가 대관절 어떻게 「간섭」하는 것일까요? 어떤 「참견」을 하는 것일까요?

실은 아주 짧은 RNA가 유전 정보를 복제한 mRNA에 대하여 「참견」을 하는 것이지만, 하필이면 그 mRNA를 분해해 버리는 것입니다.

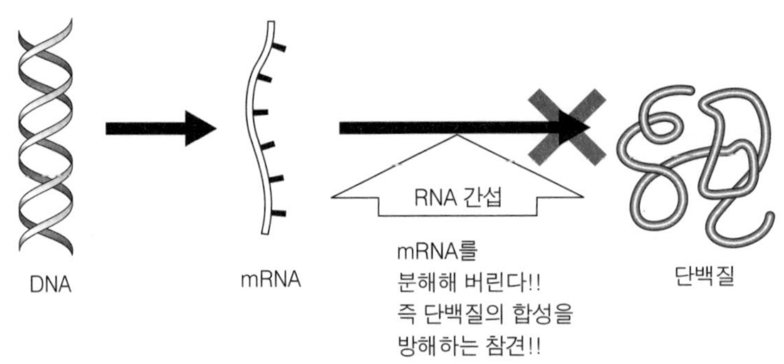

이렇게 되면 큰일입니다. mRNA가 분해돼 버리면 단백질을 만들 수 없기 때문입니다.

아니? 그런 최악의 메커니즘이 어떻게 노벨상을 수상했을까요?

그렇습니다.

mRNA 본인에게는 최악이지만 실은 세포 전체로 볼 때는 최악은 커녕 매우 경우에 합당한 「참견」인 것입니다. 그렇게 말하는 것은 mRNA를 분해한다는 것이 결국 그 유전자의 발현을 억제하는 것으로 이어지기 때문이며, 그에 의해 제대로 유전자 발현의 균형을 유지하고 있는 것 같습니다. 당초에는 바이러스에 대한 방어 메커니즘의 하나로 생각되었던 것이지만, 최근에는 그런 「참견」을 하는 「짧은 RNA」가 우리 세포 속에서 많이 활동하고 있는 듯하다는 것이 알려지고 있습니다.

어떤 사회에서도 무엇인가를 추진하는 사람이 있으면 그것의 지나침을 억제하여 제대로 균형을 유지하는 사람이 있습니다. 유전자의 발현도 이런 균형 위에서 이루어져 나갑니다. 이처럼 훌륭하게 만들어진 시스템이 RNA라는 「또 하나의 핵산」을 중심으로 이루어지고 있음이 알려진 것입니다.

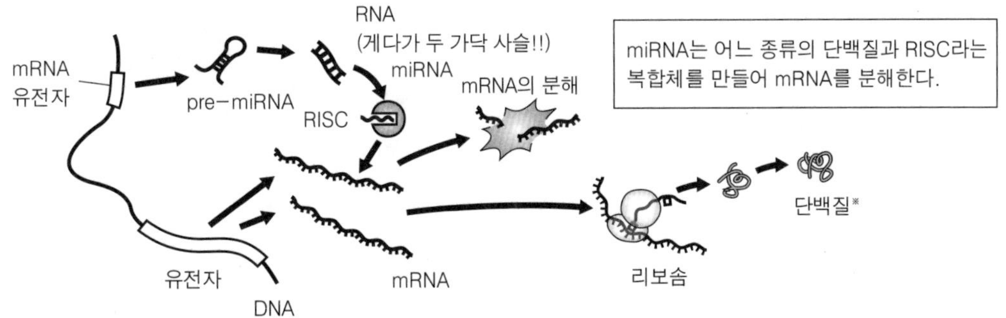

tRNA와 rRNA도 그렇지만 「저분자 간섭 RNA(siRNA)」와 「마이크로 RNA(miRNA)」라는 여러 가지 이름이 붙어 있는 「짧은 RNA」는 mRNA와는 달리 단백질 합성의 명령서는 되지 않으나 그것 자체가 무엇인가의 기능을 맡는 「기능성 RNA」입니다. 생쥐의 경우에는 게놈, 즉 전체 DNA의 70% 이상으로부터 mRNA와 이런 기능성 RNA가 전사되고 있음이 밝혀져 있습니다. 우리 사람의 경우에도 게놈의 상당히 많은 부분에서 이런 RNA가 만들어지고 있는 것 같습니다.

그러나 RNA 간섭처럼 역할이 차츰 알려지고 있는 것도 있지만, 대부분은 아직 왜 그런 RNA가 만들어지고 있는지 그 의미는 제대로 알려져 있지 않습니다.

RNA로 질병을 치료할 수 있을까?

RNA의 연구가 진행되면 RNA를 사용해 병을 낫게 한다 또는 RNA를 약으로 만들어 질병의 치료를 돕는다는 등의 연구도 이루어지게 되었습니다. 이런 경향 또는 연구를 「RNA 신약 개발」이라고 합니다.

RNA 간섭을 일으키는 「siRNA」를 사용한 신약 개발 연구도 이루어지고 있지만, RNA의 특징은 무엇보다도 그 염기 배열(즉, A, G, C, U 글자의 순서)을 여러 가지로 바꿈으로써 여러 가지 모양을 한 분자를 만드는 것, 그리고 간단히 분해할 수 있는 데 있다고 할 수 있습니다.

실은 여러 가지 염기 배열을 지닌 팽대한 종류의 RNA를 만들어 내면 그 가운데는 병의 원인이 되는 비정상 단백질 등과 강하게 결합하는 것이 나옵니다. 이런 RNA를 「SELEX법(시험관 내 인공 진화법)」이라는 방법으로 선별하여 더욱 효율이 좋은 RNA를 얻을 수 있습니다. 그런 RNA를 「**RNA 앱타머**(Aptamer)」라고 합니다.

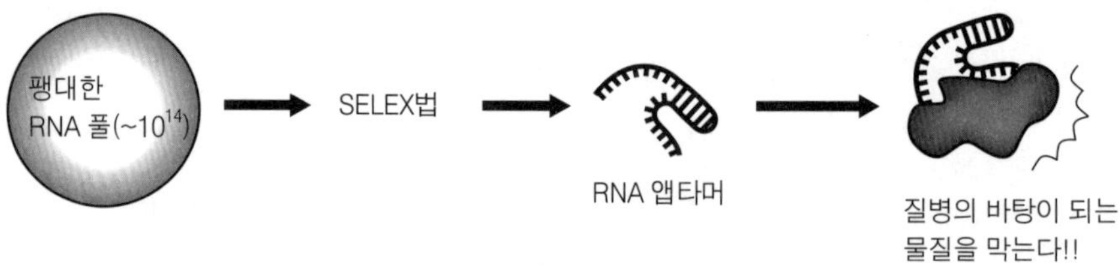

RNA는 염기 배열의 차이에 의해 여러 가지 모양이 되므로 많이 만들어 냄으로써 여러 가지 질병에 대응할 수 있는 RNA 앱타머를 얻을 수 있지 않을까 생각되고 있으며, 그런 RNA 앱타머를 약으로 사용함으로써 그 질병을 치료하려는 시도가 이미 시작되었습니다.

그리고 RNA는 간단히 분해할 수 있으므로 사용이 끝난 뒤 간단히 제거할 수 있으며, 따라서 부작용 같은 것도 적으리라 생각하고 있습니다. RNA가 「꿈같은 치료약」이 될지의 여부는 바로 지금부터의 연구에 달려 있다고 할 수 있을 것입니다.

4 PCR이란 어떤 방법일까?

유전자를 눈에 보일 때까지 증폭하는 방법을 「PCR(폴리메라아제 연쇄 반응)」라고 했습니다(p.195 참조). 여기서 그 방법을 조금 자세히 학습해 봅시다.

제3장에서 DNA를 복제하는 단백질(효소)을 「DNA 폴리메라아제」라고 한 것을 기억해 주시기 바랍니다. PCR는 DNA 폴리메라아제에 의해 계속 몇 번이나 유전자를 복제시켜 나감으로써 2배가 4배, 4배가 8배, 8배가 16배,…라는 식으로 유전자를 증폭시켜 나가는 방법입니다.

PCR의 특수한 점은 온도를 규칙적으로 오르내리게 하는 것에 의해 이 「연속 복제」를 이루어지게 하는 데 있습니다. 그래서 온도를 높이더라도 효소로서의 작용이 없어지지 않는 DNA 폴리메라아제를 사용할 필요가 있습니다.

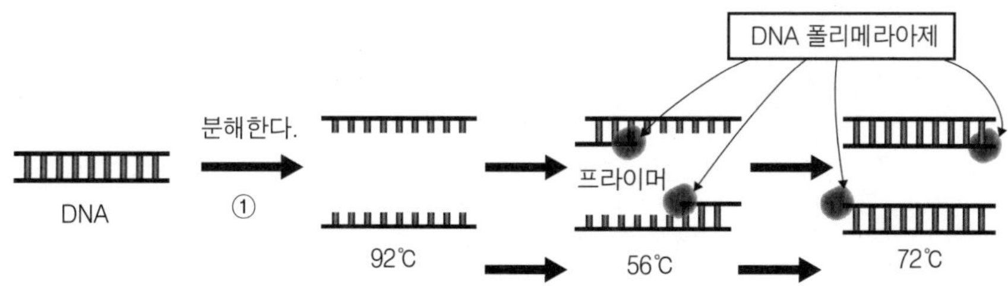

① 92℃에서 DNA가 한 가닥 사슬로 나뉜다.
② 56℃로 냉각하면 각각의 한 가닥 사슬과 짝이 되는 프라이머가 결합한다.
③ 72℃에서 DNA 폴리메라아제가 DNA 합성을 한다.
④ 다시 92℃로 하면 완성된 두 DNA가 각각 분리한다.
이 단계를 몇 번 되풀이한다.

보통 우리가 가지고 있는 단백질은 온도를 40℃나 50℃로 올리면 간단히 효소로서의 작용이 사라져 버립니다. 그렇지만 펄펄 끓는 온천에 서식하고 있는 생물(정말 이런 것이 있습니다!)은 웬만한 온도에서는 작용이 사라지지 않는 「튼튼한」 단백질을 지니고 있습니다.

PCR을 개발한 사람은 이것에 주목했습니다. 즉, 그런 생물의 DNA 폴리메라아제를 사용하면 온도를 내렸다 올렸다 하는 것에 따라 작용이 사라지지 않고 연속 복제, 즉 「폴리메라아제 연쇄 반응」을 일으킬 수 있지 않을까하고 생각했던 것입니다.

이리하여 온도를 올렸다 내렸다 하기만 하면 간단히 유전자를 증폭하는 방법, 즉 PCR이 개발된 것입니다(개발자인 캐리 멀리스는 1993년 노벨 화학상을 수상했습니다.). 온도를 올렸다 내렸다 하면, 즉 기계로 그런 프로그램을 해 두고, 최초로 유전자(DNA), DNA 폴리메라아제, DNA의 재료가 되는 뉴클레오타이드, DNA 폴리메라아제의 밑바닥이 되는 「프라이머(p.119를 복습)」를 반응용 용기에 넣어 두면, 몇 시간이 지나 유전자는 증폭(대량으로 합성)됩니다.

그리고 이 프라이머에 p.197에서 공부한 「연결 부분」을 붙여 두면 그 후의 제한 효소 처리로 이어질 수 있습니다.

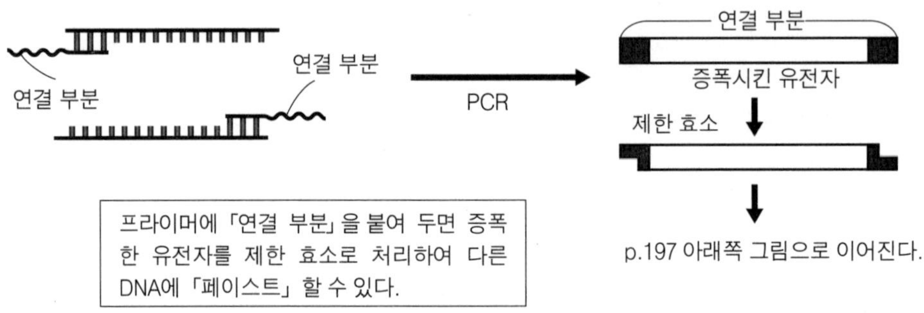

현재는 「RT-PCR」나 「정량 PCR」 등 PCR법을 응용한 발전형이 개발되어 전 세계의 연구자가 이용하고 있습니다.

5 클론 생물을 만드는 법

우리 몸은 수정란에서 시작됩니다. 수정란은 몇 번이나 분열을 되풀이하는 가운데 많은 세포로 이루어진「배」가 되고 각각의 세포가 역할을 가지게 되어 마침내 우리의 몸이 완성됩니다. 배는 다음 그림에서 나타내는 것처럼 수정란에서 시작되는 개체 발생의 초기 상태를 가리킵니다.

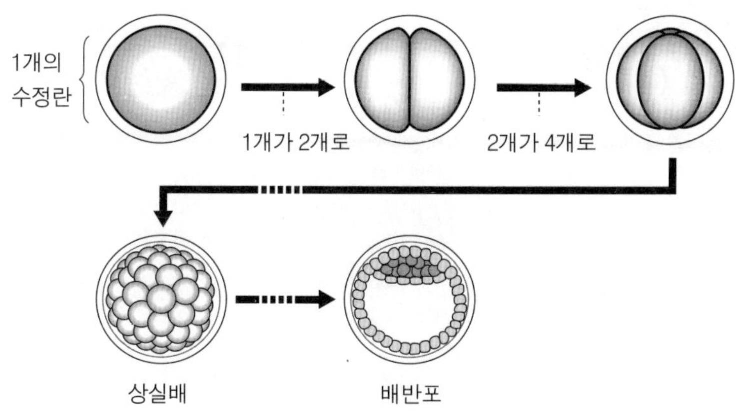

실은 하나하나의 세포가 역할을 지니기 전에 암컷의 뱃속에서 배를 꺼내고, 세포를 흩어 놓은 뒤 각각으로부터 세포의 핵을 꺼내, 핵이 제거된 여러 개의 미수정란에 넣고 여러 암컷의 뱃속으로 되돌립니다. 그러면 똑같은 유전자(게놈)를 지닌 개체로 태어나게 할 수 있습니다. 현재 축산의 세계에서는 이 방법으로「똑같은 유전자를 지닌 여러 개체」즉, 클론을 만들어 내고 있습니다(p.218 그림 참조).

이 클론이 왠지 기분이 나쁘고 공상과학적인 느낌이 들지 않습니까? 왜 그럴까요?

1개의 수정란으로부터 여러 개의 개체가 생긴다…… 어딘가에서 들은 듯한 이야기입니다. 일란성 쌍생아(쌍둥이)는 바로 1개의 수정란으로부터 2개의 개체가 생긴 것입니다. 그렇게 되는 이유는 잘 알려져 있지 않지만, 이것을 소 등의 가축에 대하여 인공적으로 이루어지게 하여 1개의 수정란으로부터 여러 개의 개체를 만들 수 있는 일입니다. 통상의 교배와 마찬가지로 암컷과 수컷의 어버이가 존재하는 데다 탄생하는 클론 소들은 똑같은 유전자를 가지고 있어도 어버이 소의 클론은 아닙니다. 그러므로 그다지 기분이 나쁘거나 눈살을 찌푸릴 정도로 혐오감은 느껴지지 않을 것입니다.

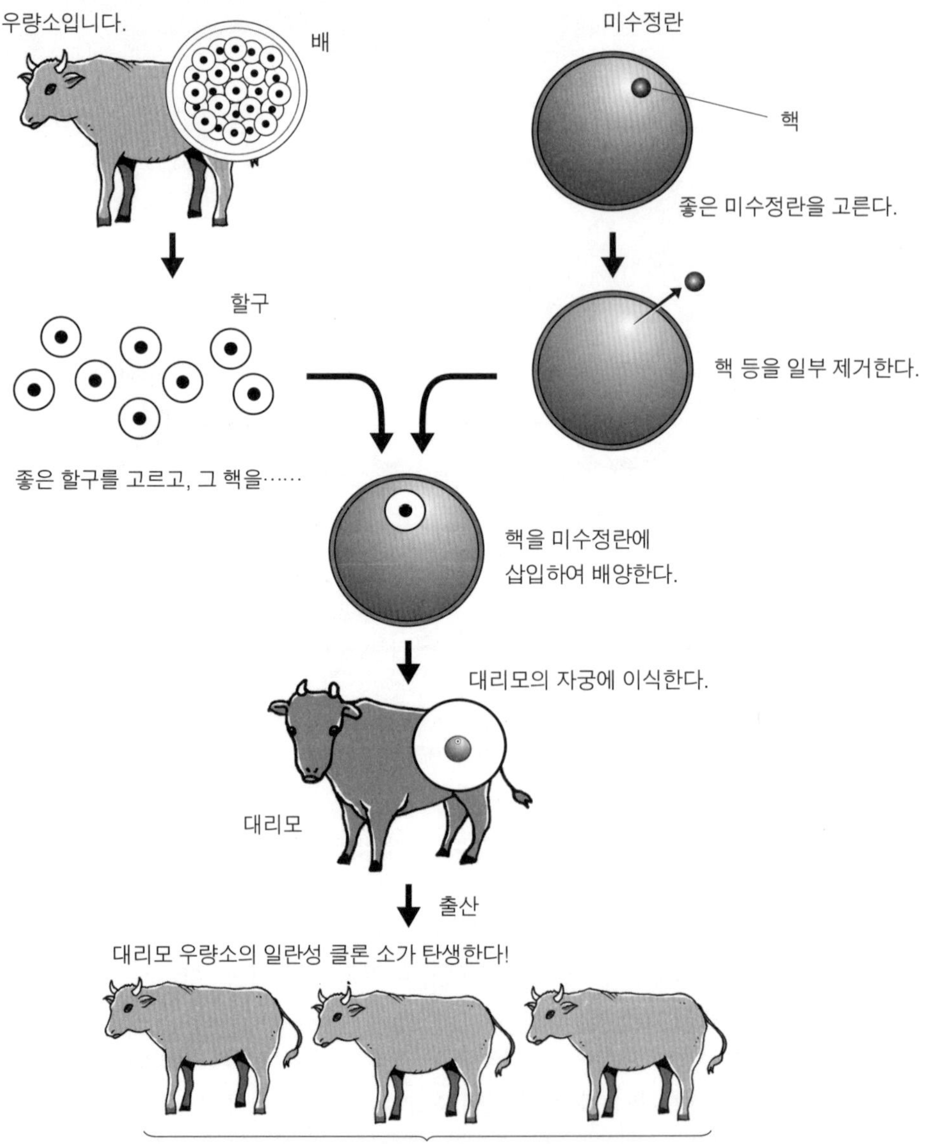

하지만 1996년에 인공적으로 만들어진 돌리라는 양은 그렇지 않습니다.

영국의 연구소에서 태어난 돌리는 어미양의 젖샘 세포(젖을 분비하는 젖샘이라는 조직을 만들고 있는 세포)로부터 DNA의 격납고인 세포핵을 통째로 꺼내 그것을 미수정란의 핵과 바꿔 넣은 결과 생긴 포유류 최초의 체세포 클론입니다.

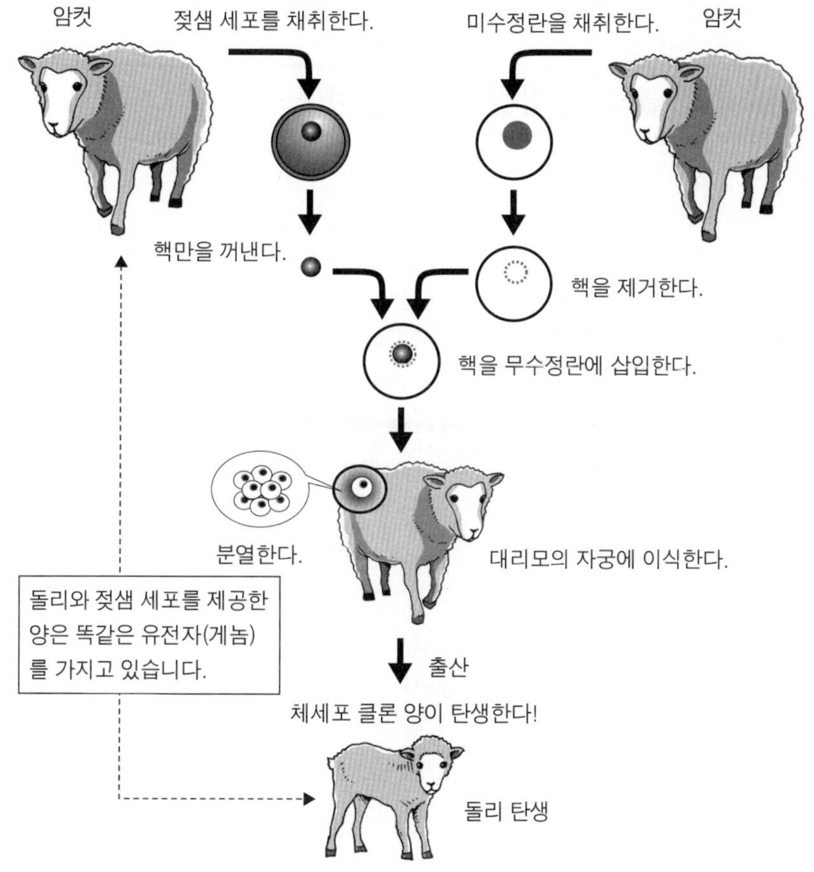

수컷이 개재하지 않는 채 탄생한 클론 양은 어미 양과 똑같은 유전자를 지닌 클론입니다. 그 후 소와 생쥐 등에서도 체세포 클론이 만들어지고 있습니다.

이것이 만약 간편한 클론 기술로서 발전하면, 한 명의 인간으로부터 많은 세포를 꺼내 그 핵을 많은 수정란의 핵과 바꿔 넣으면, 그 사람과 아주 똑같은 게놈을 지닌 사람, 즉 공상과학에서 말하는「클론 인간」을 만들 수 있음을 의미합니다.

물론 게놈(또는 유전자)이 아주 똑같더라도 성장이 다르면 사람은 달라집니다. 흔히 이야기되는 예와 같이 독재자 히틀러의 세포로부터 아주 똑같은 독재자 히틀러의 클론이 많이 생길 가능성은 낮다고 생각됩니다. 그러나 낮다고 하더라도 가능성이 없다고는 할 수 없으므로 사람들을 불안에 빠지게 할 수 있습니다.

6 생물의 진화와 인간의 미래

❖ 유전자로부터 생물의 진화를 더듬어간다.

유전자를 취급하는 기술의 발전은 생물의 진화에 관한 연구도 크게 전진시켰습니다.

생물의 진화는 그 생물이 처한 생활 환경, 다른 생물과의 상호 작용(누구에게 잡아먹히는가, 어떻게 하면 잡아먹히지 않을까 등의 시행착오 같은 것)이 일으키는 것이지만, 역시 설계도인 유전자, DNA에 무엇인가의 변화가 일어나 그것이 영속적으로 자손에게 이어져 가지 않으면 생물의 진화는 일어나지 않는다고 생각해도 좋을 것입니다.

DNA의 변화란, 즉 염기 배열의 변화입니다. 이것이 자연적으로 일어나는 것을 「돌연변이」라고 합니다. 어느 유전자의 어느 염기 배열의 변화라는 작은 변화도 있지만, 커다란 DNA 영역이 염색체끼리 바꿔 들어가는 그런 경우도 있습니다. 극단적으로 말하면 단 1개의 염기(글자)가 다른 것으로 변화하기만 하더라도 단백질이 변화하고 그 결과 진화가 일어나는 경우도 있을지 모릅니다.

이처럼 생물의 진화에 중요한 역할을 맡았으리라 생각되는 DNA의 염기 배열 변화, 그리고 단백질의 변화 등을 「분자 진화」라고 합니다.

어느 생물과 어느 생물이 얼마만큼 진화적으로 가까운 관계에 있느냐, 또는 이 생물은 과연 어떤 생물의 무리에 들어가느냐 하는 것이 실은 유전자를 살펴봄으로써 예측됩니다. 어느 유전자의 염기 배열을 조사해 비교해 보고 염기 배열이 아주 비슷한 것이 비슷하지 않은 것보다 진화적으로 가까운 관계에 있음을 알 수 있습니다.

분자 진화의 연구는 분자생물학이 탄생함에 따라 진화라는 현상을 분자 수준으로 밝힐 수 있을 정도로 발전해 왔습니다. 이런 분자생물학은 생물이 지닌 기본적인 메커니즘의 해명뿐 아니라 생물이 어떻게 진화해 왔느냐는 그 길까지도 밝히려 하고 있습니다.

❖ 이제부터의 분자생물학

현재 분자생물학에서는 「게놈 사이언스」라는 생물이 지닌 「게놈」, 즉 DNA의 모든 염기 배열로부터 그 생물을 만들어 내고 있는 메커니즘을 남김없이 해명하려는 연구가 매우 활발히 이루어지고 있습니다. 앞에서 소개한 RNA 연구나 분자진화학도 게놈 사이언스의 하나에 포함된다고 할 수 있을 것입니다.

그러나 여기서 또 하나, 미래 사회에 대하여 생각할 때 분자생물학의 성과를 바탕으로 한 매우 중요한 연구가 있음을 잊어서는 안 됩니다.

2007년 일본 교토 대학의 연구 그룹이 인간의 피부로부터 「만능 세포」를 만드는 데 성공하였다는 뉴스가 전해졌음을 기억하고 있습니까?

만능 세포[정확하게는 iPS세포(인공 다능성 줄기세포)라고 합니다.]란 수정란과 마찬가지로 장래에 어떤 세포나 어떤 조직이든 될 수 있는 세포를 말합니다.

지금까지 만능 세포는 ES 세포라는 발생 초기의 「배」로부터 꺼내 배양시킨 것밖에 만들지 못했지만, 교토 대학의 연구 그룹은 성인의 피부 세포로부터 만능 세포를 만들어 내는 데 성공한 것입니다.

아니, 만능 세포가 무엇인데 그처럼 이슈가 되었을까요?

우선 첫째로, 만능 세포로부터 어떤 장기라도 만들 수 있을지 모르기 때문입니다.

그리고 둘째로, 배로부터 만드는 ES 세포에 대해서는 장래에 인간이 될 수도 있는 배를 사용하는 데 대한 윤리적인 비판과 반대 의견도 많지만, 성인의 피부 세포 등을 사용한 iPS 세포는 그런 윤리적 문제를 멋지게 해결했기 때문입니다.

자신의 피부 세포로부터 만능 세포를 만들 수 있으면 그것으로부터 목적하는 조직 또는 장기를 만들 수 있지 않을까요? 예컨대, 심장병 중환자에 대하여 극단적으로 말하자면 그 환자 자신의 세포로부터 새로운 심장을 만들어 내어 이식하는 치료가 가능해지지 않을까 기대되고 있는 것입니다. 게다가 다른 사람의 심장을 이식하는 데 따르는 거부 반응도 일어나지 않습니다. 물론 기대만 앞세울 것이 아니라, 앞으로 연구에 꾸준한 노력을 기울이는 것이 중요합니다.

이 만능 세포는 유전자 조작 기술에 의해 단지 몇 가지 종류의 유전자를 피부 세포에 도입함으로써 만들어졌습니다. 바로 분자생물학의 성과를 바탕으로 한 연구입니다. 이와 같은 새로운 조직이나 장기를 재생하는 기술, 또는 그것을 위한 기초적 학문을 연구하는 분야를 「재생의학」 또는 「재생공학」 등으로 부릅니다.

이처럼 분자생물학은 기초가 되는 학문 연구로부터 미래의 인간 사회에 이르기까지 다양한 가능성을 간직하고 있는 학문입니다.

❖ 에필로그

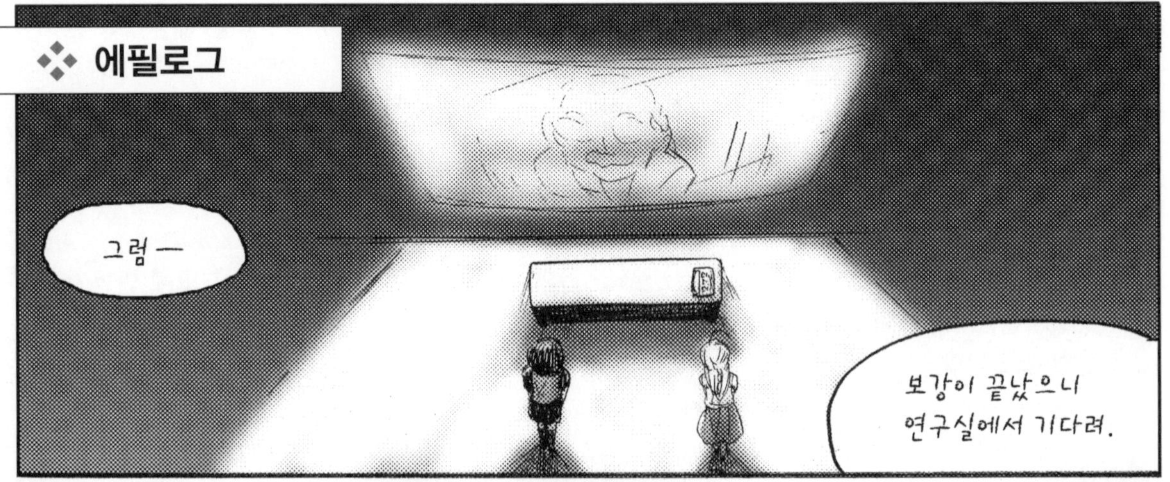

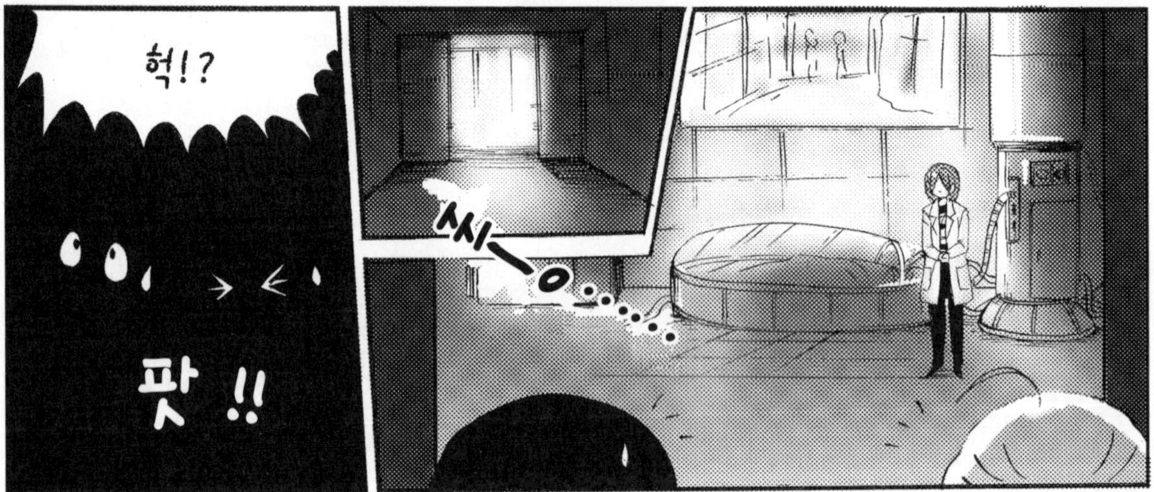

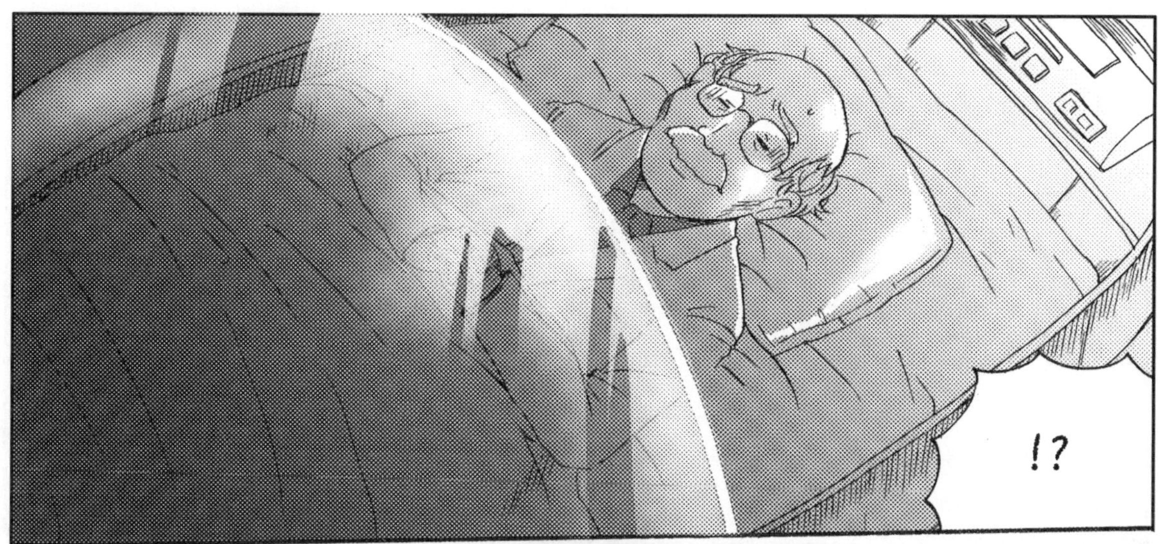
!?

낮잠을 주무시는
거예요?
아, 일어나셨다……
벌떡
씩
씩
아냐!!

박사님! 흥분하시면
안 돼요!
헉
헉

이현명 선생님의
안색이……
네……실은……

심각해질 것은 없어.
그냥 불치의 병에 걸린
것이니까.
호호……
아니, 불치의……

불치의 병!?
쿠ー웅

현대 의학에서는 이제 어쩔
수 없어요. 박사님의 생명은
고작 2개월……
비틀…
그……그런……

심각해지지 말라고
했잖아!
불치의 병이라 하더라도
그것은 현대에서의 이야기!

이것은 이현명 박사님께서 개발하신 콜드 슬리프 머신이에요.

이 기계를 사용해 치료법이 확립될 때까지 인공 수면을 취하시려고 해요.

정말 치료할 수 있게 될까요?

그것은 ―알 수 없지요.

………
………
아니, 쉬울 거야.
미남 군, 천천히
잠들게 해 주게.
네……알겠습니다!!

타다다다닥
타다다닥

틀려. 나를 위한 거야.

그렇지만,
선생님……어떻게
이럴 때 저희를 위해
보강을……

?
타다다다닥
타다다닥

치료법을 개발해 줄 것은
틀림없이 너희 젊은 세대 —
그래서 한 사람이라도
낙제자를 내고 싶지 않은
것이 바로 나를 위한 거지.

박사님……
또 그런 말씀을

선생님께서
틀렸어요!
울컥!!

불치의 병으로
괴로워하시면서 정말은
그렇지 않을 텐데
이처럼……이처럼 재미있는
보강을 해 주시고……
뭐가 선생님을 위한 거예요!

………
잠잠……
나는 —

난 RNA가 될 거야!
그래서 선생님을
도울 거야!

박사님!
준비되었어요.
음……모두
다시 만나.

그동안 정말 고마웠어요!

찰칵

슈우우우우……
탁

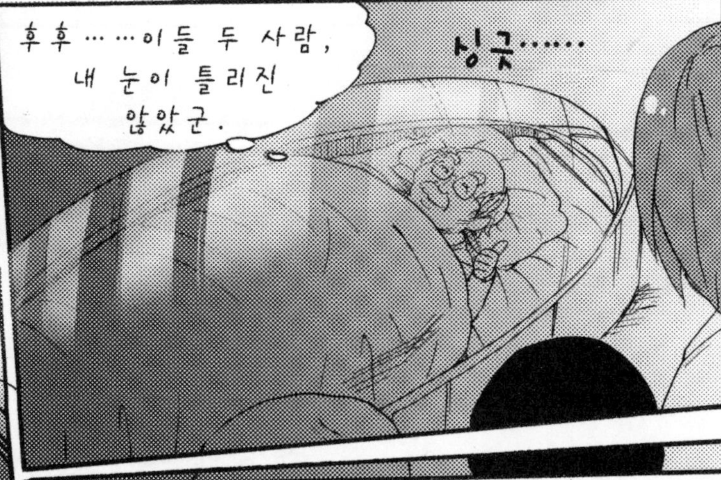
후후……이들 두 사람,
내 눈이 틀리진
않았군.
싱긋……

그런데 연희……아까 한 말은 정말이야? 선생님을 돕겠다고 했잖아.
응. 아직 자신은 없지만 해 볼 거야.
글쎄, 나도……상당히 흥미가 생겼거든!
해 볼까!
그래!!

참고문헌

- ヴォート『生化学・第3版』田宮信雄他訳(東京化学同人) 2005
- 江島洋介『これだけは知っておきたい 図解 分子生物学』(オーム社) 2005
- エスピーナス『ロバート・フック』横家恭介訳(国文社) 1999
- 坂本順司『ゲノムから始める生物学』(培風館) 2003
- 武村政春『DNA複製の謎に迫る』(講談社ブルーバックス) 2005
- 武村政春『生命のセントラルドグマ』(講談社ブルーバックス) 2007
- ブラウン『ゲノム2』村松正実監訳(メディカル・サイエンス・インターナショナル) 2003
- ブラック『微生物学・第2版』林英生他訳(丸善) 2007
- 柳田充弘『DNA学のすすめ』(講談社ブルーバックス) 1984
- ロディッシュ他『分子細胞生物学・第5版』石浦章一他訳(東京化学同人) 2005
- ワトソン他『DNA』(上・下) 青木薫訳(講談社ブルーバックス) 2005

찾아보기

ㅇ

● 저자 약력

다케무라 마사하루(武村 政春)

생물학, 분자생물학, 복제론 전문가.
도쿄 이과대학 부교수이자 의학박사.

● **저서**

『인간을 위한 생물학』(쇼카보)
『탈 DNA 선언』(신초샤)
『생명의 센트럴 도그마』(고단샤)
『배꼽은 왜 평생 없어지지 않는가』(신초샤)
『DNA의 탄생의 수수께끼를 쫓는다!』(SB 크리에이티브) 외 다수 집필.

● **제작** Becom Co., Ltd.

1998년 창립된 편집 · 디자인 프로덕션으로, 의료, 교육, 통신계의 실용서나 잡지를 다수 제작하였다. 2001년 '코믹 디자이너스 뱅크'를 설립해 만화를 이용한 PR 지원 업무를 개시한 이래, 만화를 이용한 기업 안내나 매뉴얼, 출판기획 등의 분야에서 왕성하게 활동하고 있다.
URL : http://www.becom.jp/

● **시나리오** 前田まさよし
● **그림** 咲良(さくら)
● **도판** 嶌田デザイン企画 · 鈴木スミス
● **커버 디자인** オギィ · 荻原
● **DTP** Becom Co., Ltd.

만화로 쉽게 배우는

분자생물학

원제 : マンガでわかる 分子生物学

2009. 1. 12. 초 판 1쇄 발행
2010. 5. 27. 초 판 2쇄 발행
2011. 12. 1. 초 판 3쇄 발행
2014. 2. 28. 초 판 4쇄 발행
2017. 4. 3. 초 판 5쇄 발행
2018. 12. 14. 수정 1판 1쇄 발행
2021. 2. 1. 수정 1판 2쇄 발행

저자 | 다케무라 마사하루(武村 政春)
그림 | 사쿠라(笑良)
감역 | 조현수
역자 | 박인용
제작 | Becom Co., Ltd.
펴낸이 | 이종춘
펴낸곳 | BM (주)도서출판 **성안당**
주소 | 04032 서울시 마포구 양화로 127 첨단빌딩 3층(출판기획 R&D 센터)
10881 경기도 파주시 문발로 112 파주 출판 문화도시(제작 및 물류)
전화 | 02) 3142-0036
031) 950-6300
팩스 | 031) 955-0510
등록 | 1973. 2. 1. 제406-2005-000046호
출판사 홈페이지 | **www.cyber.co.kr**
ISBN | 978-89-315-8743-2 (17470)
정가 | 17,000원

이 책을 만든 사람들
전산편집 | 김인환
홍보 | 김계향, 유미나
국제부 | 이선민, 조혜란, 김혜숙
마케팅 | 구본철, 차정욱, 나진호, 이동후, 강호묵
마케팅 지원 | 장상범, 박지연
제작 | 김유석

■ **도서 A/S 안내**

성안당에서 발행하는 모든 도서는 저자와 출판사, 그리고 독자가 함께 만들어 나갑니다.
좋은 책을 펴내기 위해 많은 노력을 기울이고 있습니다. 혹시라도 내용상의 오류나 오탈자 등이 발견되면 **"좋은 책은 나라의 보배"**로서 우리 모두가 함께 만들어 간다는 마음으로 연락주시기 바랍니다. 수정 보완하여 더 나은 책이 되도록 최선을 다하겠습니다.
성안당은 늘 독자 여러분들의 소중한 의견을 기다리고 있습니다. 좋은 의견을 보내주시는 분께는 성안당 쇼핑몰의 포인트(3,000포인트)를 적립해 드립니다.
잘못 만들어진 책이나 부록 등이 파손된 경우에는 교환해 드립니다.